麦套花生高产栽培理论与技术

刘兆新　张佳蕾　等著

上海科学技术出版社

图书在版编目（CIP）数据

麦套花生高产栽培理论与技术 / 刘兆新等著. 上海 : 上海科学技术出版社, 2025. 1. -- ISBN 978-7-5478-6886-7

Ⅰ. S512.1; S565.2

中国国家版本馆CIP数据核字第2024TN7705号

麦套花生高产栽培理论与技术

刘兆新　张佳蕾　等著

上海世纪出版(集团)有限公司
上 海 科 学 技 术 出 版 社 出版、发行
(上海市闵行区号景路159弄A座9F-10F)
邮政编码 201101　www.sstp.cn
上海光扬印务有限公司印刷
开本 787×1092　1/16　印张 9.75
字数：200千字
2025年1月第1版　2025年1月第1次印刷
ISBN 978-7-5478-6886-7/S·288
定价：100.00元

内容简介

本书共分 8 章。概述了麦套花生的意义和发展历程;从光合特性、群体质量、衰老特性、氮素利用效率、周年产量和温室气体排放特性等方面,全面系统地论述了麦套花生高产栽培的理论依据;初步阐述了麦套花生光能利用、生育动态、群体结构特点、产量构成因素和生态效益;详细介绍了麦套花生高产栽培技术体系。

本书理论与实践紧密结合,可供广大花生科技工作者、从事花生生产和管理者、农技人员、农业院校师生等阅读参考。

著作者名单

主　著

刘兆新　张佳蕾

参　著

王建国　赵继浩　李向东　万书波

前　言

随着国民经济的发展和农业科学技术水平的不断提高，花生栽培制度也在相应地变革。充分利用土地和气候资源，解决粮油争地矛盾，保障粮油安全，是发展农业现代化的需要。麦套花生是一种集约、立体、高效的种植模式，能够有效解决北方地区粮油争地矛盾，取得小麦、花生双丰收，已成为黄淮海地区夏花生生产的主要种植方式之一。2021 年，农业农村部在印发的《“十四五”全国种植业发展规划》中指出，要通过轮作套作扩面积，集成技术攻单产，到 2025 年，使花生面积达到 500 万 hm^2（7 500 万亩）左右。因此，通过麦套花生来增加夏花生面积对促进花生产业发展具有重要作用。

麦套花生是在小麦生育后期（一般在麦收前 15～20 d）把花生套种于小麦行内，花生播种出苗后与小麦有一段共生期，利用花生播期提前，生育期延长，增加有效花期，提高花生产量，达到麦油双高产的栽培目的。麦套花生生育期在 130 d 左右，介于春花生和夏直播花生之间，适应条件较广，高产潜力和稳产性较大。近年来，随着农作物种植结构的不断调整，我国北方区春花生面积不断减少，小麦花生两熟制面积迅速扩大。麦套花生种植模式，不仅可以解决粮油作物争地、争季节、争劳力的矛盾，而且可以改善作物的光热条件，促进作物生长发育，变原来一年一熟为一年两熟，在稳定和提高花生产量的基础上增收一季粮食，提高了复种指数和单位面积经济效益，实现粮油高产高效同步发展。

自 20 世纪 80 年代以来，我国麦套花生面积迅速扩大，其中河南省麦套花生面积达 70 万 hm^2 以上，山东省麦套花生面积近 30 万 hm^2，安徽省、湖北省、四川省麦套花生面积均在 10 万 hm^2 以上，江苏省、湖南省麦套花生面积均在 5 万 hm^2 以上。山东农业大学花生栽培研究室和山东省农业科学院花生栽培与生理生态创新团队对麦套花生种植体系中小麦和花生这两种作物的生长发育特点、生理特性及产量形成规律不断深入研究，明确了麦套花生最佳播期、最佳种植方式、最佳行距配置及最佳施肥方式，总结了一套协同提高小麦和花生周年产量的高产栽培技术体系，小麦和花生产量大幅度提高，涌现出大面积双 6 000 kg/hm^2 片区和小面积双 7 500 kg/hm^2 片区，有力推动了花生产业快速发展。

为扩大麦套花生推广面积，我们编写了《麦套花生高产栽培理论与技术》一书，系统阐述了麦套花生高产栽培的理论与技术，所涉及的研究内容和结果都是通过田间试验得出的，希望能够为相关领域的科研、教学、推广工作者提供参考。在研究过程中，国家重点研发计划课题(2020YFD1000905、2022YFD1000105)、国家花生产业技术体系(CARS-13)、国家自然科学基金(32301953)、山东省重点研发计划项目(2019JZZY010702、2022CXPT031)、泰山学者工程(tsqn202211275、tspd20221107)、山东省自然科学基金(ZR2022QC040)和山东省花生产业技术体系(SDAIT-04-01)给予研究经费支持，在此表示感谢。

由于作者水平所限，书中难免存在一些不足，恳请广大读者提出宝贵意见和建议。

著作者

2024 年 8 月

目 录

第三章 · 麦套花生的群体质量

第四章 · 麦套花生的衰老特性

第五章 · 麦套花生的氮素利用效率

第六章 · 麦套花生的周年产量

第七章·麦套花生的周年温室气体排放特性

第八章·麦套花生关键配套技术与技术体系建立

第一章

概　　述

自 20 世纪 90 年代以来，我国花生科研单位及农业技术推广机构，先后摸清了麦套花生的生育规律，改进了套作方式，选育出了适于麦田套作的早、中熟高产花生新品种，研究提出了麦套花生的科学施肥技术、合理的群体结构和种植密度，总结出了轻简、高效的田间管理措施，形成了一套适于各产区应用推广的麦套花生高产栽培技术。

第一节 麦套花生的发展历程

我国麦套花生的栽培由来已久,大体经历了3个时期。20世纪50年代主要集中在长江流域春、夏花生交作区,种植面积较少,产量较低;20世纪60年代以后有所发展;20世纪80年代以来面积迅速扩大。

一、经验种植时期

20世纪50年代至60年代后期,我国麦套花生基本处于经验种植时期,多数年份种植面积不足20万hm^2,农民凭习惯和经验种植,种植方法多为行行套种,单产不足1000 kg/hm^2。主要集中在湖南、湖北、四川等省,河南、山东等省只有少量种植。例如,河南省1965年花生播种面积14.44万hm^2,麦套花生面积仅占10%;山东省1963年麦套花生面积6.6万hm^2,也仅占全省花生种植面积的10%左右。

二、试验示范时期

自20世纪60年代后期至70年代末,随着我国人口的增长和耕地面积的不断减少,粮油争地的矛盾日益突出,特别是20世纪70年代中期,食用油极度短缺,通过增加花生种植面积来提高花生产量已成为农业生产亟待解决的问题。于是,全国各主要花生产区的科研单位和花生产区的群众开展了麦套花生的种植研究。如山东省先后研究推广了大沟麦和小沟麦套种花生栽培技术，河南省研究推广了隔行套种（二隔一）的宽行密植栽培技术。再如四川省南充地区研究推广了小行和宽窄行麦套花生配套技术，在较大面积上获得了小麦单产 3 000～3 750 kg/hm^2、花生单产 3 750～5 250 kg/hm^2 的较高产量。这些研究成果的试验、示范和推广，推动了麦套花生的发展。到 1980 年，山东省麦套花生面积已占花生总面积的 15%，达 9.37 万 hm^2；河南麦套花生面积达到 4.15 万 hm^2，占全省花生总面积的 20%以上。

三、大发展时期

自 1980 年以来，麦套花生高产理论研究更加深入，栽培技术体系进一步完善，推动了麦套花生大发展。山东省花生研究所、山东农业大学和临沂市农业科学研究院先后研究了麦套花生生育规律和栽培技术，选育、筛选了一批适于麦套的花生高产品种；建立了小垄宽幅麦套和大垄宽幅麦套覆膜花生栽培技术体系（图 1－1～图 1－4）；明确了麦套花生的生育进程、所需积温和相应叶龄及主要性状的生育动态、干物质积累与分配、产量形成，以及氮、磷、钾吸收运转规律。1987—1989 年，山东省出现了麦套花生大面积双 4 500 kg/hm^2 和双 6 000 kg/hm^2 的高产田；1990—1994 年山东省科委组织了招远、牟平、文登、荣成、莒南、邹城、宁阳等 11 个县（市）进行 3.33 万 hm^2 麦油两熟开发，实现了小麦、花生双 6 000 kg/hm^2 的高产目标。5 年累计增产小麦、花生各 5.24 万 t，增加纯经济效益 8.41 亿元。河南省研究制定了适宜的套种方式、套种时期、密度、施肥及田间管理技术，选育推广了 10 余个适于麦田套种的花生品种，显著地提高了当地花生生产水平，并取得了巨大的社会经济效益。湖北省先后研究推广了小麦花生双宽种植技术和麦套花生双宽种植及其模式化栽培技术，使麦套花生单产达到 2 568 kg/hm^2。1994 年，山东农业大学花生研究团队完成的“麦油两熟双 500 kg 高产栽培技术及生育特点研究”项目获山东省科学技术进步二等奖。这些研究成果和技术的推广，使麦套花生种植面积进一步增加。1998 年山东省麦套花生面积达到 31.68 万 hm^2，占花生种植面积 38%，小麦平均单产 5 220 kg/hm^2，花生平均单产 4 020 kg/hm^2，产值 16 314 元。1994 年河南省麦套花生面积达到 30.9 万 hm^2，1995 年达到 35.2 万 hm^2，2000 年达到近 80 万 hm^2，麦套花生的单位面积产量也已接近或超过春花生产量。如河南省麦套花生单产自 1998 年以来均超过 3 000 kg/hm^2；山东省麦套花生种植面积较大的文登、荣成、滕州、泰安、菏泽等市(县),1998 年麦套花生单产 3 510～4 155 kg/hm^2,多超过全省平均水平。2001 年山东省枣庄市麦套花生高产攻关田以单产 7 554 kg/hm^2 创当地麦套花生高产纪录,2002 年又以单产 8 223.8 kg/hm^2 再创新高,麦油两熟制栽培一度成为缓解我省粮油争地矛盾、提高农业生产经济效益、增加农民收入的有效途径。

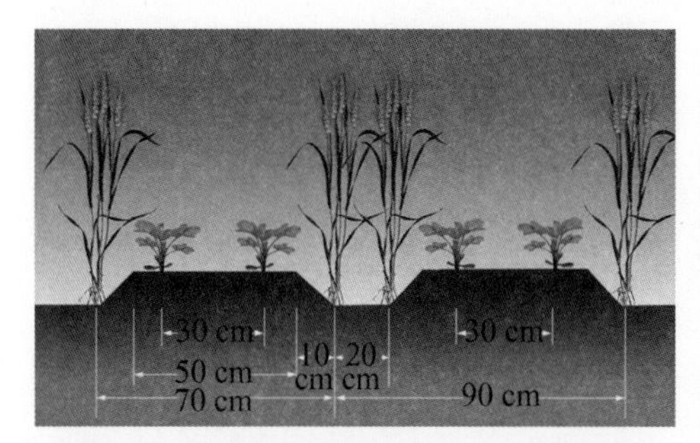

图 1－1　大垄宽幅麦套覆膜花生栽培模式图

图 1－2　大垄宽幅麦套覆膜花生栽培田间长相

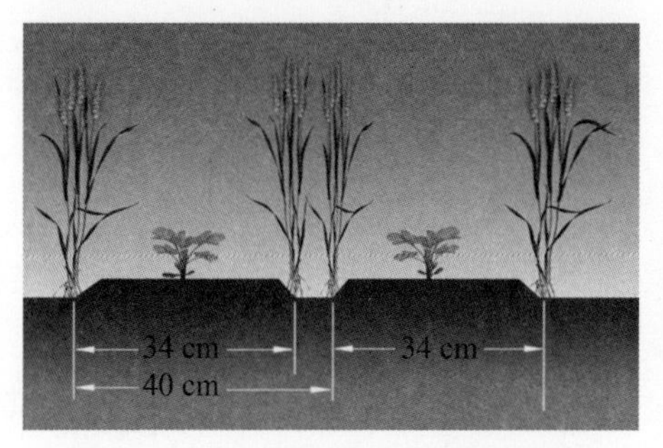

图 1－3　小垄宽幅麦套花生栽培模式图

图 1－4　小垄宽幅麦套花生田间长相

总体来看,2000 年以来,随着经济的快速发展,农村劳动力逐步向城镇转移,农村劳动力价值普遍提高,与花生生产需要较多劳动用工形成了矛盾;同时,由于麦套花生播种机械化水平较低,播种难的问题也日益突出,影响了麦套花生的进一步发展,面积呈下降趋势。山东省麦套花生面积由 2003 年的 24.5 万 hm^2 减少到 2012 年的 8.65 万 hm^2,减少了约 65%。河南省位于黄河两岸,地处中原,光热资源丰富,降雨量充沛,良好的生态条件再加上当地农民种植习惯以及相关政策的激励,河南省麦套花生种植面积一直维持在较高的水平,占花生播种面积的 60%～70%。

2015 年以来,山东农业大学花生栽培生理生态研究室依托山东省花生产业技术体系综合试验站在山东泰安、东平、宁阳、菏泽、聊城、济宁和临沂等多地开展了麦套花生轻简高产栽培技术研究与示范，2017 年 9 月 27 日，山东省科技厅委托山东农业大学组织有关专家组成测产验收委员会，对宁阳县麦套花生超高产攻关田进行了测产验收，面积 1 hm^2，平均产荚果 8 644.5 kg/hm^2，创造了麦套花生高产纪录，取得了良好的示范效果。

第二节 麦套花生的意义

在我国长江以北的广大花生产区，自然热量资源不太丰富，农作物栽培一年两熟不足而一熟有余；长江流域及长江以南的部分地区，热量资源可以满足一年两熟的要求。为此，发展麦田套作花生，是实现粮油双丰收的有效途径，在我国农业科技现代化建设中具有重要的地位。

一、充分利用土地资源

我国黄河流域、长江流域等大部分花生产区，既是花生主产区，又是小麦主产区，花生、小麦争地的矛盾非常突出。实行小麦套种花生，使原来一年一熟的纯作花生改为一年二作二熟，有效地提高了复种指数，巧妙地扩大了粮油种植面积，同时可以获得粮油双高产。如山东省招远市1987年开始改春花生覆膜栽培为宽垄大沟麦套种夏播覆膜花生，1987—1989年累计推广1.2万 hm^2，在花生播种面积、总产不减少的情况下，扩种小麦8 000 hm^2，增产小麦32 280 t。

二、充分利用光热资源

麦套花生是提高光能利用率的有效措施之一。麦套花生增加了单位时间内的光合面积，能更充分地利用光、温资源，提高单位面积上的作物产量。据招远市农业局测算，小麦套种早播覆膜花生，使农田全年处在绿色覆盖之下，年光照 2 754.3 h，而单作的春花生田，年光照仅为 1289.9 h，占套种的 46.8%。麦套花生的复合群体可使小麦、花生叶冠层的中下层受光均匀，减少光的漏射，增加有效光合面积。研究表明，作物的净光合生产率在中等光强（10～30 klx）范围内上升最快，利用率也最高，而中午日照可达 100 klx 以上，套种可以更有效地提高作物单位面积上对强光的光能利用率。

在麦套花生复合群体中，由于两作物的层次不同，套种行间成了通风透光的"走廊"，光线可以直射到小麦的中下部叶片，同时由于花生群体的反射，尤其是大垄麦套早播覆膜种植中地膜的反射，小麦冠层的漫射光大大增加，从而使小麦群体内的光照强度提高，可增加对 CO_2 的吸收利用率。但是在复合群体中，小麦对花生有遮光的不利影响，通过合理调整播期，如大垄宽幅麦套花生早播覆膜提前播种和小垄普通麦套花生适时迟播，这种不利影响可大大减轻。

我国北方广大花生产区，年平均气温多为 11～15 ℃，平均气温 10 ℃积温多不超过 5 000 ℃，无霜期多在 200 d 左右。一年种植一作花生热量有余，而小麦收获后再种花生热量不足，花生难以正常成熟。采取小麦套种花生则可充分利用有限的光热资源，夺取花生高产。据测定，一年一作小麦或花生，其光能利用率一般为 0.4%～0.5%，而小麦套种花生，其光能利用率可达 0.8%～0.9%。麦套花生显著增加了花生的生育天数，普通畦田麦套花生生育期间的积温较夏直播可增加 300 ℃以上，大垄宽幅麦套花生生育期间的积温较夏直播可增加 700～800 ℃，可满足中熟大花生品种对温度的要求，从而可充分发挥中熟大花生品种的增产潜力。

三、大幅度提高粮油产量和经济效益

改一年一作花生为麦田套种花生，冬春一地麦，夏秋一片花生，充分地利用了土地资源和光热资源，粮油产量和经济效益均得到了大幅度提高。大量试验和生产实践证明，在土壤肥沃、有水浇条件的农田，实行小麦套种花生，可生产小麦、花生各 6 000 kg/hm^2，增加收入 3 000 元以上；较小麦、玉米两作物单作可增加收入 4 500～6 000 元/hm^2。因此，农民对麦套花生形象地称为"一麦一油，有粮有钱"。可见，发展麦套花生可大幅度增加经济效益，符合高产、高效农业的要求，对促进农村经济发展、增加农民收入、提高人民生活水平将发挥重要作用。

另外，改一年一作或二年三作春花生为一年两熟的麦套花生，必须加强农田基本建设、提高土壤肥力、确保灌溉条件、增加肥料投入，这样才能获得粮油双高产，从而促进我国农业的持续快速发展。

第三节
麦套花生的主要矛盾

在麦套花生种植体系中，由于花生与小麦有一段共生期（15 d 左右），形成了一种复合的作物群体，其与周围的生态因素（包括土、肥、水、温、气）以及其他生物之间组成了特有的农田生态系统，在作物与作物、作物与各种生态因素之间，形成了既相互适应的一面，又相互矛盾的一面。所以，生产实践中应注意麦套花生双高产栽培中出现的矛盾，做到扬长避短、协调发展，才能更好地发挥其增产作用。

（一）前后茬作物共生期的矛盾

麦田套种花生通常在麦收前 25～30 d 播种，此时小麦正处于挑旗期，田间郁蔽、光照不足，花生与小麦争光、争水、争肥矛盾突出，花生生长发育受到影响，容易形成“高脚苗”。一般情况下，这种影响随共生期的延长而加重。但是，采用大垄麦套覆膜花生种植模式，结合带壳播种，借早播能够缓减光照不足的矛盾。花生播种期在胶东半岛地区可提前到 4 月 5 日至 5 月 5 日，此时，小麦植株较矮，田间温度低、光照充足、透光性好，有利于控上促下，使根系生长发育旺盛，花生基部第一对侧枝健壮生长，从而形成壮苗，有效地解决了麦套花生“高脚苗”的问题。同时，由于播期提前，小麦拔节期肥水管理可与造墒播种花生有机地结合起来，做到肥水两用，早期覆盖地膜不仅延长了花生生育期，有利于花生生长发育，且由于温度随气、水的传导作用，可使早春小麦垄内温度相应提高，也有利于小麦的生长发育，较好地解决了两作物共生期的矛盾。普通麦套花生和小垄宽幅麦套花生因不能带壳覆膜，应尽量缩短共生期，适宜的共生期分别为 10 d 和 15 d。

（二）作物群体与个体的矛盾

麦套花生减少了小麦对土地的利用面积，合理密植显得尤为重要。为了保证足够密度，多采用加大播种量的办法，使播种量与普通的畦田麦相同。所以，在麦套花生种植体系中小麦群体密度要比单一种植时密度大一些，这样就加剧了同一条带内小麦群体与个体的矛盾，影响了个体的生长发育。解决的方法主要是通过采用合理的种植规格，选择株型紧凑的小麦品种和加强肥水管理等措施来进行调控。研究表明，相同平均行距下采用大小行种植（40 cm＋20 cm），套种时在大行间靠近两行小麦处套种两行花生，小行间不套种花生，有助于扩大光合面积，提高净光合速率，增加干物质积累量，同时缓解花生植株个体与群体间的矛盾，延缓衰老，从而提高麦套花生产量。

参考文献

孙秀山，王才斌，吴正锋. 2015. 山东省麦后夏直播花生生产发展潜力与对策. 山东农业科学，47(06)：134－136＋152.

万书波. 2003. 中国花生栽培学. 上海：上海科学技术出版社.

王在序，盖树人. 1998. 山东花生. 上海：上海科学技术出版社.

吴继华，王伟，张秀云. 2005. 河南麦套花生可持续发展思路与技术对策. 农业科技通讯，(01)：22－25.

朱宗贵，杨玉田，李春香. 2003. 麦垄套种夏花生 500 kg 高产栽培技术. 山东省农业管理干部学院学报，19(02)：129.

第二章

麦套花生的光合特性

花生是一种光合效率较高的 C3 植物，相同条件下，其单叶光合速率高于多数 C3 植物而接近某些 C4 植物，但品种间存在较大差异(Bhagsari 等，1976)。花生等油料作物种子发育的基本规律是前期依靠叶片等绿色器官合成糖类，为后期油脂等储存物质的合成和积累提供碳架和能量(Lobo 等，2015)。通过对中熟、疏枝、直立、大果花生品种冠层生理特性的研究结果表明，在花生生育中期，冠层 2/3 以上叶层为群体主要吸光层，叶面积指数(LAI)和光截获率(LIR)分别约占各自总量的 1/2 和 4/5，适宜最高 LAI 为 5.5；始花后，群体光合作用日变化呈单峰曲线，并通过消光系数推导出疏枝直立型花生品种适宜最高 LAI 为 5.6(王才斌等，2004b)。孙彦浩等(1992)研究同样表明，疏枝直立型花生品种适宜最高 LAI 为 5.2～5.5，所以疏枝直立型品种高产栽培的最高 LAI 应控制在 5.5 左右。光合势(LAD)不仅与叶面积有关，还与绿叶工作时间有关。研究表明，产量在 6 000 kg/hm^2 的高产纯作花生群体 LAD 达到 255.4 m^{2}d/m^2，其中产量形成期占 80%（王才斌等，2004a）。由于套种花生叶面积较纯作小，峰值出现迟，从而导致全生育期 LAD 小于纯作，饱果期明显高于纯作。郭峰等（2008）研究表明，高产麦套花生全生育期 LAD 为 230.2 m^{2}d/m^2，产量形成期占全生育期 84.1%，与纯作花生有所差异。

在大田条件下，氮肥水平对不同花生品种的群体光合特性有不同影响。花育 20 和花育 22 分别在施氮量 75 kg/hm^2 和 112.5 kg/hm^2 的情况下 LAI 最高，继续增加施氮量反而下降（杨吉顺等，2014）。另有研究表明，单粒精播条件下，花育 22 的最佳施氮量为 60 kg/hm^2，这可能是由不同土壤肥力条件和不同种植方式引起的（刘俊华等，2020）。与普通肥料相比，控释肥能够在设定的控释时间内持续不断地释放养分，其养分释放模式与作物需肥规律同步，具有肥效期长且稳定的特点；另外，施用控释复合肥可使土壤保持花生结荚期后期还有充足的养分供应，满足花生生长发育养分需求（万书波，2003；王艳华等，2010）。在等 N - P_2O_5 - K_2O 比例和等养分量处理下，施用控释肥能够显著提高花生生育后期叶片叶绿素含量和净光合速率，增加根瘤重、荚果产量和总生物量（邱现奎等，2010；张玉树等，2007；杨吉顺等，2013）。通过调整施肥比例、推迟追肥时期和改变肥料类型，研究了不同肥料运筹对麦套花生光合生理特性、干物质积累与分配、氮素吸收利用、产量品质以及周年温室气体排放的影响。

本研究于 2015—2020 年在山东农业大学农学试验站进行。选用济麦 22 和山花 101 为试验材料。在小麦套种花生周年种植体系下，选用 N - P_2O_5 - K_2O 含量相同的普通复合肥（CCF）和控释复合肥（CRF），在施氮总量为 300 kg/hm^2 的条件下，设置基肥∶拔节期∶挑旗期∶始花期施肥比例分别为：50%- 50%- 0 - 0（JCF100），50%- 0 - 50%- 0（FCF100），35%- 35%- 0 - 30%（JCF70 和 JCRF70）和 35%- 0 - 35%- 30%（FCF70 和 FCRF70），以不施肥为对照（CK），共计 7 个处理（表 2 - 1）。冬小麦行距 30 cm；花生于每年小麦收获前 15 d 左右套种于小麦行间，花生穴距 20 cm，每穴播两粒。

表 2-1 大田试验设计

试验处理	肥料类型	小麦			花生
		基肥(%)	拔节期(%)	挑旗期(%)	始花前(%)
CK		0	0	0	0
JCF100	普通复合肥	50	50	0	0
JCF70	普通复合肥	35	35	0	30
JCRF70	控释复合肥	35	35	0	30
FCF100	普通复合肥	50	0	50	0
FCF70	普通复合肥	35	0	35	30
FCRF70	控释复合肥	35	0	35	30

为了进一步明确推迟追肥时期氮素在小麦和花生两种作物上的吸收转运及利用情况，在 JCF100、JCF70 和 FCF70 等 3 个处理的小区内设置了^{15}N 示踪试验，JCF100 试验小区内设置 2 个微区，JCF70 和 FCF70 内设置 3 个微区，分别为仅基肥施^{15}N-尿素、仅小麦追肥施^{15}N-尿素和仅花生始花前施^{15}N-尿素，其他时期施普通尿素，分别研究花生对小麦基肥、小麦追肥以及花生追肥 3 种氮源的利用特性(表 2-2)。在小麦种植前整地时将长 50 cm、宽 40 cm、深 50 cm 的无底 PVC 框柱埋入小区，并高出地面 5 cm，防止水分和肥料外渗。采用从上海化工研究院购入的丰度为 20.14%的尿素，氮素用量与对应的小区试验相同，按与大田小区施肥量补施磷肥和钾肥。

表 2-2 微区试验设计

处理	小麦						花生	
	基肥		拔节期		挑旗期		花针期	
	比例(%)	肥料类型	比例(%)	肥料类型	比例(%)	肥料类型	比例(%)	肥料类型
JCF100	50	^{15}N	50	普通肥料	0		0	
	50	普通肥料	50	^{15}N	0		0	
JCF70	35	^{15}N	35	普通肥料	0		30	普通肥料
	35	普通肥料	35	^{15}N	0		30	普通肥料
	30	普通肥料	35	普通肥料	0		30	^{15}N
FCF70	35	^{15}N	0		35	普通肥料	30	普通肥料
	35	普通肥料	0		35	^{15}N	30	普通肥料
	35	普通肥料	0		35	普通肥料	30	^{15}N

第一节
麦套花生的叶面积指数及叶绿素含量

研究认为，产量为 7 500 kg/hm^2 高产花生理想的叶面积指数 LAI 消长态势为：花针期至结荚期 LAI 从 3.0～3.7 增加到 5.0～5.5，达到高峰，然后回落到 3.0～3.5，持续 60 d 以上；产量为 8 500 kg/hm^2 以上的超高产花生，其最高 LAI 与产量为 7 500 kg/hm^2 的相似，接近 5.5，而 LAI 在 3 以上的时间达到了 80 d 以上（王才斌等，2004a）。由此可以看出，花生超高产栽培的主要途径是延长 LAI 的高峰期，而不是靠进一步提高 LAI 的峰值。通过研究氮、磷、钾不同用量对花生叶片叶绿素含量和净光合速率的影响发现，氮肥对花生叶片光合性能的改善主要在生育前期，磷在中后期，而钾肥前后期比较一致。但是，不同花生品种对氮肥的响应也有所不同（周录英等，2007）。

一、叶面积指数

随着花生生育时期的推移，麦套花生叶面积指数表现出先升高后降低变化趋势，于结荚期达到最大值（图 2-1）。与一作 2 次施肥方式相比较，两作 3 次施肥显著提高了麦套花生各生育时期叶片的叶面积指数，JCF70 和 JCRF70 在各时期较 JCF100 分别提高了 7.6%～11.8%和 14.3～26.9%，FCF70 和 FCRF70 在各时期较 FCF100 分别提高了 5.1～12.5%和 15.3～25.1%。同一肥料类型、不同追肥时期间相比，小麦挑旗期追肥处理的叶面积指数要整体高于拔节期追肥处理；控释复合肥处理在结荚期前与普通复合肥处理无显著差异，但在饱果期与成熟期较普通复合肥显著提高。拔节期追肥与挑旗期追肥表现出相同的变化趋势。以上说明,控释复合肥有利于维持花生叶片生长后期较大的叶面积指数,且小麦挑旗期追肥效果优于拔节期追肥。

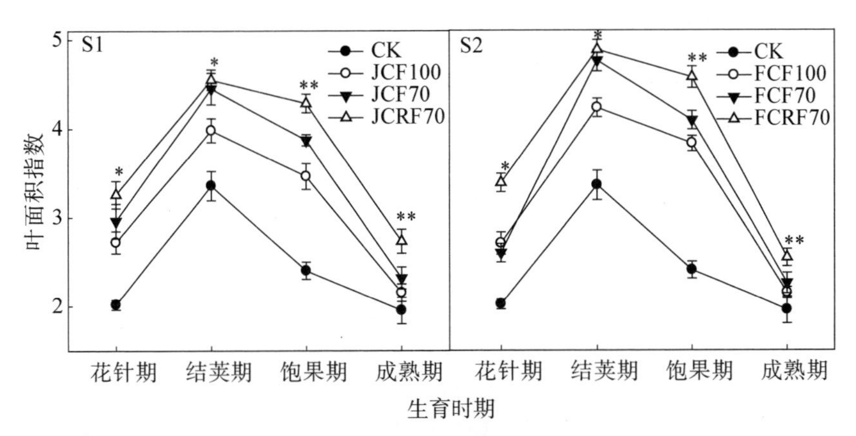

图 2-1 不同肥料运筹对麦套花生叶面积指数的影响(刘兆新,2019)

S1. 拔节期施肥;S2. 挑旗期施肥

* * 代表 0.01 显著水平,* 代表 0.05 显著水平,NS 代表 0.05 水平不显著。下同

二、叶绿素含量

由表 2-3 可以看出,随生育期推进,花生叶片 Chl(a+b)均呈先增加后降低的变化趋势,于结荚期达最大值。各施肥处理的叶片 Chl(a+b)较对照(CK)均有不同程度的增加,且各时期的差异均达到显著水平。与一作 2 次施肥方式相比较,JCF70 和 JCRF70 在各时期较 JCF100 分别提高了 4.1%~11.7%和 11.5%~29.3%,FCF70 和 FCRF70 在各时期较 FCF100 分别提高了 3.3%~6.8%和 3.0%~23.4%。与普通复合肥处理相比,控释复合肥处理的叶片 Chl(a+b)在花针期与结荚期差异不明显,但在饱果期与成熟期 JCRF70 较 JCF70 分别增加 13.8%和 18.0%,FCRF70 处理较 FCF70 处理分别提高 5.9%和 26.4%。同一肥料类型、不同追肥时期相比,FCF70 处理的 Chl(a+b)在饱果期与成熟期较 JCF70 处理分别增加 12.5%和 14.8%,FCRF70 处理较 JCRF70 处理分别增加 4.8%和 22.9%,处理间差异达到显著水平。可见,控释肥对维持麦套花生生育后期较高叶绿素含量效果明显,且小麦挑旗期追肥处理对花生叶片

叶绿素含量提高作用大于拔节期追肥。各处理Chla/b随生育进程逐渐降低，说明花生叶片中Chla的降解速度快于Chlb，施肥提高了各生育期的Chla/b，其中控释复合肥处理优于普通复合肥。

表2-3 不同肥料运筹对麦套花生叶绿素含量的影响(刘兆新，2019) (单位：mg/g)

追肥时期	处理	花针期		结荚期		饱果期		成熟期	
		Chl (a+b)	Chl a/b	Chl (a+b)	Chl a/b	Chl (a+b)	Chl a/b	Chl (a+b)	Chl a/b
	CK	1.29d	1.85b	2.16c	1.72d	1.80d	1.60c	1.02e	1.41d
拔节期	JCF100	1.61c	1.89ab	2.63b	1.78c	2.24c	1.62b	1.20c	1.43d
	JCF70	1.98b	1.96a	2.86b	1.80b	2.40b	1.63b	1.22c	1.47c
	JCRF70	2.09b	1.97a	3.68a	1.86ab	2.73a	1.65b	1.44b	1.58b
挑旗期	FCF100	1.74c	1.87ab	2.73b	1.81b	2.69ab	1.68ab	1.18d	1.61ab
	FCF70	2.05b	1.96a	3.38a	1.90a	2.70ab	1.71a	1.40b	1.65a
	FCRF70	2.21a	1.97a	3.53a	1.91a	2.86a	1.75a	1.77a	1.68a
方差分析									
s		NS	NS	*	*	*	NS	**	**
t		*	NS	**	NS	**	*	**	*
s×t		NS	NS	NS	NS	NS	NS	*	*

注：同一参数中标以不同字母表示不同处理间在$P<0.05$水平上差异显著，LSD数据统计。下同

作物产量的90%以上来自光合作用，改善光合作用性能是提高作物产量的基础途径。叶片是植物利用光能进行光合作用的主要场所，叶片大小直接影响光截获量。花生生育后期维持较高的叶面积指数对花生产量的提高具有重要意义。本研究表明，两作3次施肥方式显著提高了麦套花生的叶面积指数，在相同施肥量的条件下，挑旗期施肥的叶面积指数要高于拔节期追肥。叶绿素是光合作用的基础，其含量高低与净光合速率直接相关，在叶片衰老后期，可以通过调控措施维持叶绿素含量来提高净光合速率或减缓其下降速率(李向东等，2002)。增施氮肥能够增加作物叶片叶绿素含量、延长光合速率高值持续期，并进一步改善光合性能(Lawlor，2002)。本试验结果表明，两作3次施肥方式同样提高了麦套花生的叶绿素含量，JCF70较JCF100提高4.1%～11.7%，FCF70较FCF100提高3.3%～6.8%。较大的叶面积指数和较高的叶绿素含量有利于叶片净光合速率的提高，并最终增加干物质的积累。

第二节
麦套花生的叶片光合速率和气体交换参数

由图 2-2 可以看出,随生育期延长,各处理花生叶片净光合速率呈单峰变化趋势,结荚期出现高峰。JCF70 和 JCRF70 在各时期较 JCF100 分别提高 4.9%~23.2%和 10.5%~42.4%,FCF70 和 FCRF70 在各时期较 FCF100 分别提高了 2.5%~10.8%和 6.7%~24.2%,与普通复合肥处理相比,控释肥处理的净光合速率(Pn)在结荚期前无显著差异,花生结荚期后,控释复合肥处理的 Pn 下降相对缓慢,下降幅度显著小于普通复合肥处理。在相同的施肥比例下,挑旗期施肥处理 Pn 整体高于拔节期施肥。可见,控释复合肥能够维持麦套花生生长后期较高的净光合速率,有利于物质的积累,且小麦挑旗期追肥处理优于拔节期追肥。

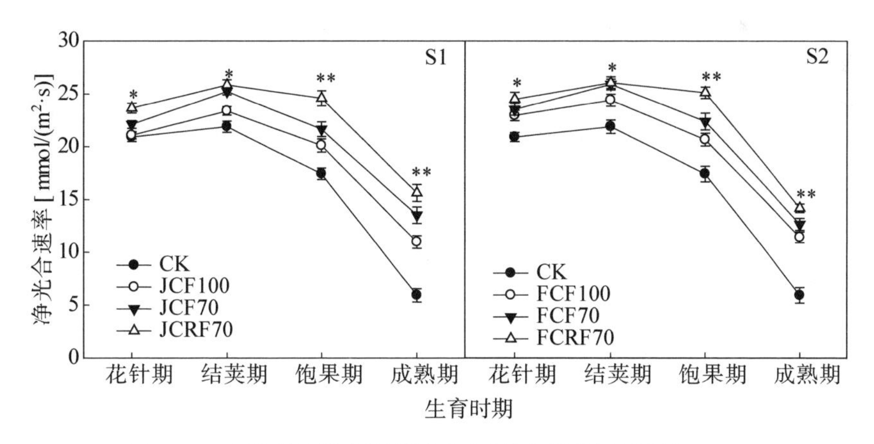

图 2-2 不同肥料运筹对麦套花生净光合速率的影响(刘兆新,2019)

S1. 小麦拔节期追肥;S2. 小麦挑旗期施肥

控释复合肥养分释放速率与作物吸收相吻合,具有肥效期长且稳定的特点

(Song 等，2014)。赵斌等(2010)研究指出，控释肥能够维持玉米开花后期较高的光合速率，有利于花后干物质的积累和产量的提高。在同等施氮量条件下，与普通肥料相比，控释肥对棉花生长前期叶片净光合速率影响不大，但可以明显提高棉花叶片中后期的净光合速率(李学刚等，2010)。本研究指出，在等 N－P_2O_5－K_2O 比例和等养分量条件下，控释肥处理的叶面积指数和叶绿素含量在麦套花生整个生育期内均高于普通肥料处理，且各个时期的差异均达到显著水平。另外，控释肥处理的净光合速率在饱果期与成熟期显著高于普通肥料处理。JCRF70 处理的净光合速率在成熟期较 JCF70 提高 15.6％，FCRF70 处理的净光合速率较 FCF70 提高 12.1％。

第三节
麦套花生的叶绿素荧光特性

叶绿素荧光参与植物光合作用中吸收、传递、转换和碳同化等一系列复杂的过程，且任何环境因子对光合作用的影响都可通过叶片叶绿素荧光动力学反映出来。因此，可以通过叶绿素荧光分析系统探测植物光合作用的动态变化，分析估计光合机构量子效率和光合能力（林世青等，1992）。

本研究以大花生品种山花 101 为材料，选用 $N-P_2O_5-K_2O$ 含量相同的普通复合肥和控释复合肥，设置不施肥（CK）、拔节期施普通复合肥（JCF）、拔节期施控释复合肥（JCRF）、挑旗期施普通复合肥（FCF）、挑旗期施控释复合肥（FCRF）5 个处理，研究了不同肥料类型及施肥方式对麦套花生叶绿素荧光参数的影响。

Φ_{PSII} 表示实际光化学量子产量，反映在光照条件下 PSⅡ反应中心部分关闭情况下的实际原初光能捕获效率。随花生生育期延长，各处理 Φ_{PSII} 呈先增加后降低的趋势，在结荚期达最大值（图 2－3A）。各施肥处理的 Φ_{PSII} 均高于 CK。与普通复合肥处理相比，控释复合肥处理能够维持花生生长后期较高的 Φ_{PSII} 值，且小麦挑旗期追肥处理对 Φ_{PSII} 的提高作用大于拔节期追肥处理。以上表明，控释复合肥可提高花生叶片后期的量子产量，有利于改善叶片后期的光合性能。

光化学猝灭系数（qP）表示 PSⅡ天线色素吸收的光能用于光化学电子传递的份额，它反映了 PSⅡ反应中心的开放程度。由图 2－3B 可以看出，各施肥处理的 qP 较 CK 均有不同程度的提高，且各个时期的差异均达到显著水平。控释复合肥处理的 qP 在结荚期后显著高于普通复合肥处理，饱果期与成熟期各处理 qP 均表现为 FCRF70＞FCF70＞JCRF70＞JCF70＞CK。以上说明，控释复合肥有利于 PSⅡ反应中心在花生生育后期维持较高比例的开放部分，从而将更多的光能用于推动光合电子传递，提高 PSⅡ电子传递能力，其中挑旗期追肥的效果优于拔节期追肥。

本研究表明，控释复合肥处理的叶绿素荧光参数Φ_{PSII}和 qP 在麦套花生生长的中后期均显著高于普通复合肥处理(图 2-3)。分析认为，控释复合肥养分释放具有均匀、稳定的特点，能够确保花生在生长中、后期也能获得充足氮素，有利于光合碳同化中以蛋白质为主体的各种酶及多种电子传递体等成分的合成，提高了 PSⅡ活性和光化学效率，加快了光合色素把所捕获的光能转化为化学能的速度，从而为碳同化过程提供更加充足的能量，改善了叶肉细胞的光合性能，最终提高了叶片光合速率(谭雪莲等，2009)。而 qP 的提高，说明 PSⅡ反应中心开放部分的比例增大，使表观光合作用电子传递速率和 PSⅡ总的光化学量子产量提高，降低了非辐射能量耗散，使叶片所吸收的光能较充分地用于光合作用(张旺锋等，2003)。

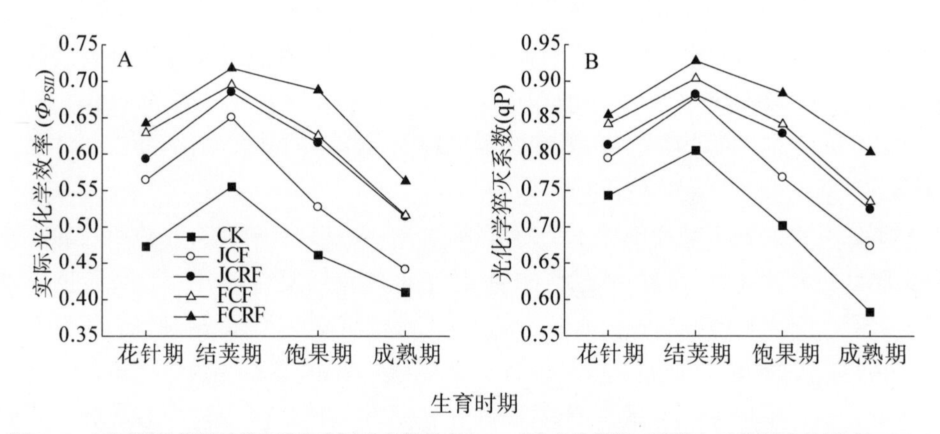

图 2-3 不同肥料处理对花生叶片实际光化学效率(Φ_{PSII})及光化学猝灭系数(qP)的影响(刘兆新，2021)

李耕等(2010)研究表明，施氮后显著提高了玉米灌浆期叶片 PSⅡ反应中心电子受体侧之后的电子传递链性能，增强了电子由 PSⅡ向 PSⅠ的分配，从而显著地提高了 PSⅡ与 PSⅠ之间的协调性。两个光系统性能的改善及二者间协调性的提高增强了光合电子传递链的性能是灌浆期 Pn 升高与成熟期产量增加的主要原因。此外，从不同追肥时期来看，在相同施肥量的情况下，小麦追肥由拔节期推迟至挑旗期，同样提高了麦套花生叶面积指数、叶绿素含量和净光合速率，有助于延缓叶片衰老、增加干物质积累，并最终提高荚果产量。

第四节
麦套花生的叶片光系统Ⅱ（PSⅡ）特性

在光合原初反应过程中，有活性的PSⅡ反应中心将捕获的光能用于光化学反应，通过电子传递和耦联的光合磷酸化形成同化力，推动碳同化反应，叶片光合受抑时激发能上升，当过剩的激发能不能被及时耗散掉时，就会发生能量过剩，产生过量的活性氧和膜脂过氧化物，伤害PSⅠ与PSⅡ之间的电子传递以及PSⅡ反应中心供体侧和受体侧，从而造成活性氧代谢失调、生物膜结构受破坏，最终使光合能力降低(Lee等，2001；Müller等，2001)。氮素作为植物体内叶绿素、蛋白质、核酸和部分激素的重要组分，直接或间接影响着作物的光合作用(Foyer等，2005)；合理施用氮肥，能够增大光合叶面积，提高叶绿素含量，延缓叶片衰老，增强PSⅠ和PSⅡ的电子传递能力，维持较高的光合速率(金继运等，1999；韩晓日等，2009；张福锁等，1997)。

本研究以大花生品种山花101为材料，选用$N-P_2O_5-K_2O$含量相同的普通复合肥和控释复合肥，设置不施肥(CK)、拔节期施普通复合肥(JCF)、拔节期施控释复合肥(JCRF)3个处理，研究了不同肥料类型对麦套花生叶片光系统Ⅱ(PSⅡ)性能的影响。

一、快速叶绿素荧光诱导动力学曲线的变化

各处理的花生倒三叶快速叶绿素荧光诱导动力学曲线(OJIP曲线)在生育后期(饱果期)变化显著(图2-4A,B)。与CK相比较，JCF与JCRF处理在K、J和I相的相对可变荧光(V_k、V_j和V_i)分别降低38.9%、39.39%、34.3%和50.9%、

49.9%、39.4%。与 JCF 相比，JCRF 处理在 K、J 和 I 相的相对可变荧光(V_k、V_j 和 V_i)分别降低 16.7%、19.7%和 7.8%。以施控释复合肥的 OJIP 曲线为对照，将 CK 与 JCF 的 OJIP 曲线标准化(图 2-4B)后可看出，施肥后 J 点降幅最大。

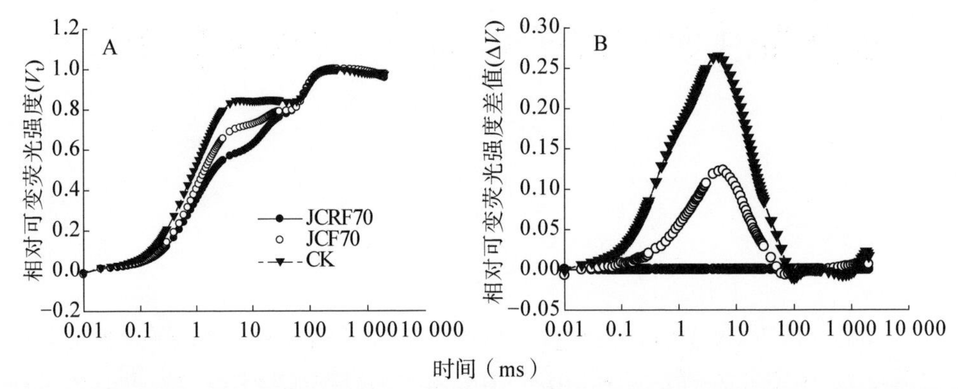

图 2-4 控释肥对饱果期叶片光系统相对可变荧光强度(V_t)和相对可变荧光强度差值(ΔV_t)的影响(刘兆新,2017)

二、PSⅡ供/受体侧的变化

JIP-test 快速叶绿素荧光诱导动力学曲线分析表明，与 CK 相比，JCF 与 JCRF 处理在 K 点的可变荧光 F_k 占振幅 $F_o \sim F_j$ 的比例(W_k)分别下降 14%与 14.7%，J 点的可变荧光 F_j 占振幅 $F_o \sim F_p$ 的比例(V_j)分别下降 14.6%与 28.9%，均达到显著水平，且 V_j 的下降幅度显著高于 W_k(图 2-5)。与 JCF 相比，JCRF 处理的 W_k

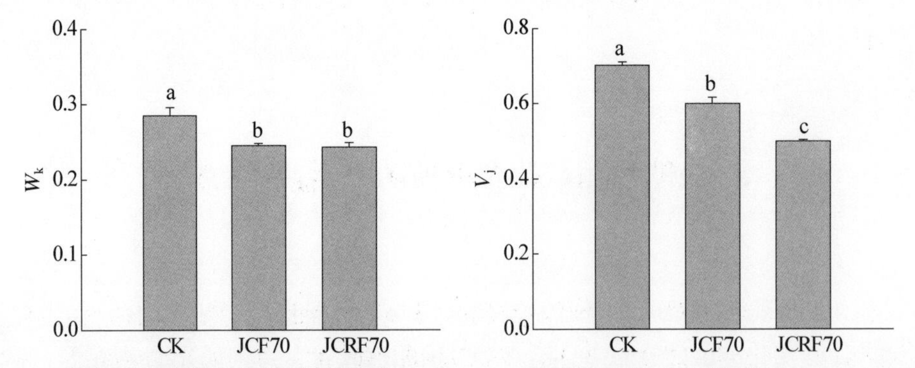

图 2-5 控释肥对饱果期叶片叶绿素可变荧光 F_k 占 $F_o \sim F_j$ 振幅的比例(W_k)与可变荧光 F_j 占 $F_o \sim F_p$ 振幅比例(V_j)的影响(刘兆新,2017)

和 V_j 分别降低了 0.8%和 16.6%，V_j 差异显著，而 W_k 差异不显著。以上说明，两种肥料均能显著改善叶片 PSⅡ反应中心电子传递链供体侧和受体侧的电子传递能力，且控释复合肥对 PSⅡ反应中心电子传递链受体侧性能的改善幅度大于供体侧。

三、PSⅡ性能的变化

施肥后花生叶片激子将电子传递到电子传递链中 Q_A 下游的其他电子受体（Q_B）的概率（Ψ_o）与以吸收光能为基础的性能指数（PI_{abs}）均呈上升趋势（图 2-6）。与 CK 相比，JCF 与 JCRF 的 Ψ_o 分别增加了 34.6%和 68.3%，PI_{abs} 分别增加了 90.1%和 251.4%，均达到显著水平，且 PI_{abs} 的增幅高于 Ψ_o，与 JCF 相比，JCRF 处理的 Ψ_o 与 PI_{abs} 分别升高了 25%和 84.8%，PI_{abs} 的增幅高于 Ψ_o，表明施肥可显著改善 PSⅡ性能，且控释复合肥对 PSⅡ反应中心之后电子传递链性能的提升作用更大。

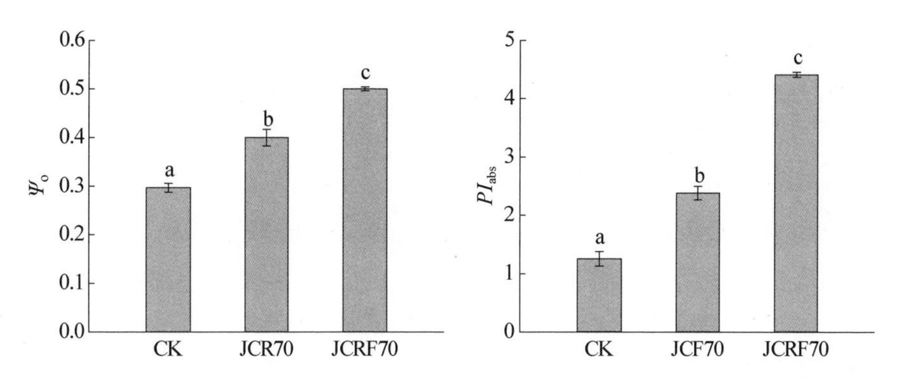

图 2-6 控释肥对饱果期叶片电子由 Q_A 传递到 Q_B 的概率（Ψ_o）与以吸收光能为基础的性能指数（PI_{abs}）的影响（刘兆新，2017）

快速叶绿素荧光诱导动力学曲线包含大量关于 PSⅡ供体侧、受体侧以及反应中心的信息，常被用于 PSⅡ性能的测定（Force 等，2003）。李耕等（2010）研究指出，氮肥可以显著降低玉米灌浆期叶片 W_k 与 V_j，提高电子传递链综合性能以及供体侧和受体侧的电子传递能力。王帅等（2014）研究进一步证实了这一现象。本研究表明，施肥可以引起饱果期花生叶片 OJIP 曲线显著变化，降低 K 点和 J 点荧光强度值，施肥可以降低放氧复合体系统的损伤程度。与普通肥料相比较，控释肥料处理 K 和 J 点相对荧光强度 W_k 和 V_j 均有所降低，但 W_k 降幅小于 V_j，说明控释复合肥可以增强叶片 PSⅡ反应中心电子传递链供体侧和受体侧的电子传递能力，增强放氧复合体和 Q_A 之后电子传递链的活性，其中对 PSⅡ反应中心电子受体侧性能的改善大于供体侧。可以认为，控释复合肥维持花生生长后期土壤的供肥能力，改善了放氧复合体系统活性并进一步改善后期光合性能，延缓了花生衰老，是荚果产量显著高于普通复合肥处理的原因。

本研究看出，施肥后花生饱果期 Ψ_o 与 PI_{abs} 均显著升高，且 PI_{abs} 的增幅高于 Ψ_o，表明饱果期花生叶片 PSⅡ反应中心之后的电子传递链性能得到显著改善，从而促使其整体的性能显著增强，且控释肥的提升效果显著高于普通肥料。由此判断，由于控释肥养分的缓慢释放，到花生饱果成熟期还有充足的养分供应，因此可能通过维持光系统内关键酶含量或者加快其合成与转运，提高了其功能的完整性，增强了光合电子传递链的性能。

参考文献

Bhagsari A S, Brown R H. 1976. Photosynthesis in Peanut (*Arachis*) Genotypes 1. *Peanut Science*, 3(1):1 - 5.

Foyer C H, Noctor G. 2005. Oxidant and antioxidant signalling in plants: a re-evaluation of the concept of oxidative stress in a physiological context. *Plant Cell & Environment*, 28(8):1056 - 1071.

Force L, Critchley C, van Rensen J J. 2003. New fluorescence parameters for monitoring photosynthesis in plants. *Photosynthesis Research*, 78:17 - 33.

Lawlor D W. 2002. Carbon and nitrogen assimilation in relation to yield: mechanisms are the key to understanding production systems. *Journal of Experimental Botany*, 53: 773 - 787.

Lobo A K, De O M M, Lima Neto M C, et al. 2015. Exogenous sucrose supply changes sugar metabolism and reduces photosynthesis of sugarcane through the down-regulation of Rubisco abundance and activity. *Journal of Plant Physiology*, 179:113 - 121.

Lee H Y, Hong Y N, Chow W S. 2001. Photoinactivation of photosystem II complexes and photoprotection by non-functional neighbours in Capsicum annuum L. leaves. *Planta*, 212:332 - 342.

Müller M, Li X P, Niyogi K K. 2001. Non-photochemical quenching: A response to excess light energy. *Plant Physiology*, 125(4):1558 - 1566.

Song C, Guan Y, Wang D, et al. 2014. Palygorskite-coated fertilizers with a timely release of nutrients increase potato productivity in a rain fed cropland. *F Field Crops Research*, 166:10 - 17.

郭峰,万书波,王才斌,等. 2008. 宽幅麦田套种田间小气候效应及对花生生长发育的影响. 中国农业气象,29(03):285 - 289.

韩晓日,姜琳琳,王帅,等. 2009. 不同施肥处理对春玉米穗位叶光合指标的影响. 沈阳农业大学学报,40(4):444 - 448.

金继运,何萍. 1999,氮钾营养对春玉米后期碳氮代谢与粒重形成的影响. 中国农业科学,32(4):55 - 62.

刘俊华,吴正锋,沈浦,等. 2020. 氮肥与密度互作对单粒精播花生根系形态,植株性状及产量的影响. 作物学报,46(10):1605 - 1616.

李耕,高辉远,刘鹏,等. 2010. 氮素对玉米灌浆期叶片光合性能的影响. 植物营养与肥料学报,16(3):536 - 542.

李向东,王晓云,余松烈,等. 2002. 花生叶片衰老过程中光合性能及细胞微结构变化. 中国农业科学,35(4):384 - 389.

李学刚,宋宪亮,孙学振,等. 2010. 控释氮肥对棉花叶片光合特性及产量的影响. 植物营养与肥料学报,16(3):656 - 662.

林世青,许春辉. 1992. 叶绿素荧光动力学在植物抗性生理学生态学和农业现代化中的应用. 植物学报,9(1):1 - 16.

邱现奎,董元杰,史衍玺,等. 2010. 控释肥对花生生理特性及产量、品质的影响. 水土保持学报,24(2):223 - 226.

孙彦浩,陶寿祥,王才斌. 1992. 麦田夏直播花生生育特点及麦油两熟双高产配套技术. 花生科技,21(2):13 - 17.

谭雪莲,郭天文,张国宏,等. 2009. 氮素对小麦不同叶位叶片叶绿素荧光参数的调控效应. 麦类作物学报,29(3):437 - 441.

万书波. 2003. 中国花生栽培学. 上海:上海科学技术出版社.

王艳华,董元杰,邱现奎,等. 2010. 控释肥对坡耕地花生生理特性、产量及品质的影响. 作物学报,36(11):1974 - 1980.

王帅,韩晓日,战秀梅,等. 2014. 不同氮肥水平下玉米光响应曲线模型的比较. 植物营养与肥料学报,20(6):1403 - 1412.

王才斌，郑亚萍，成波，等. 2004a. 花生超高产群体特征与光能利用研究. 华北农学报，19(2)：40－43.

王才斌，郑亚萍，成波，等. 2004b. 高产花生冠层光截获和光合、呼吸特性研究. 作物学报，30(3)：274－278.

杨吉顺，李尚霞，张智猛，等. 2014. 施氮对不同花生品种光合特性及干物质积累的影响，核农学报，28(1)：0154－0160.

杨吉顺，李尚霞，吴菊香，等. 2013. 控释肥对花生产量及干物质积累的影响. 山东农业科学，45(10)：98－100.

赵斌，董树亭，张吉旺，等. 2010. 控释肥对夏玉米产量和氮素积累与分配的影响. 作物学报，36(10)：1760－1768.

周录英，李向东，汤笑，等. 2007. 氮、磷、钾肥不同用量对花生生理特性及产量品质的影响. 应用生态学报，18(11)：2468－2474.

张玉树，丁洪，卢春生，等. 2007. 控释肥料对花生产量、品质以及养分利用率的影响. 植物营养与肥料学报，13(4)：700－706.

张旺锋，勾玲，王振林，等. 2003. 氮肥对新疆高产棉花叶片叶绿素荧光动力学参数的影响. 中国农业科学，36(8)：893－898.

张福锁，米国华. 1997. 玉米氮效率遗传改良及其应用. 农业生物技术学报，5(2)：112－117.

第三章

麦套花生的群体质量

氮、磷、钾是花生产量形成过程中吸收较多的三大营养元素。张翔等(2011)研究表明,同一生育期,花生植株总干物质量随氮肥用量的增加而增加,氮肥用量达到一定值时干物质总量下降,但仍高于不施氮处理,且花生根、茎、叶和荚果干物质量表现相同。在小麦花生两熟栽培中,前茬小麦施钾对花生具有明显的后效作用。花生要高产,必须充分发挥前茬后效和花生当茬肥效这两个效应(简称“钾二效”)的增产作用,若前茬施肥不足,花生当茬施肥虽然增产效果显著,但仍不能充分发挥花生应有的增产潜力(王才斌等,1996);后茬花生施磷,花生增产效果明显,但受前茬施磷水平影响较大,随前茬施磷的增加而降低。麦套花生基磷对小麦产量效应不明显,但小麦追施磷肥对花生具有一定的增产作用,这种效应超过了花生当茬磷效应,但要获得花生高产,也必须充分发挥这两个效应(简称“磷二效”)的增产作用(王才斌等,1997)。

第一节
麦套花生的干物质积累与分配

合理的施肥时期能够满足作物需肥关键期的需肥量，肥料利用率较高，达到提高产量并节约成本的效果，经济效益大幅提高。在花生施肥上应注意控制氮肥用量、稳定磷肥用量、适当增加钾肥用量，协调花生氮、磷、钾营养，以免造成花生地上部徒长而影响花生荚果发育（张翔等，2015）。

由图 3-1 可以看出，麦套花生干物质积累量在生育前期增长较慢，结荚期至饱果期快速增长，并于成熟期达到最大值。在拔节期追肥各处理中，干物质积累总量表现出 JCRF70＞JCF70＞JCF100＞CK 的变化规律。成熟期 JCF70 和 JCRF70 较 JCF100 分别提高了 15.8%和 42.2%，挑旗期追肥与拔节期追肥表现出相同变化趋势，各处理干物质积累总量表现为 FCRF70＞FCF70＞FCF100＞CK，成熟期 FCF70 和 FCRF70 较 FCF100 分别提高了 19.1%和 44.2%。在施肥量相同的情况下，控释复合肥处理干物质积累总量要显著高于普通复合肥处理。

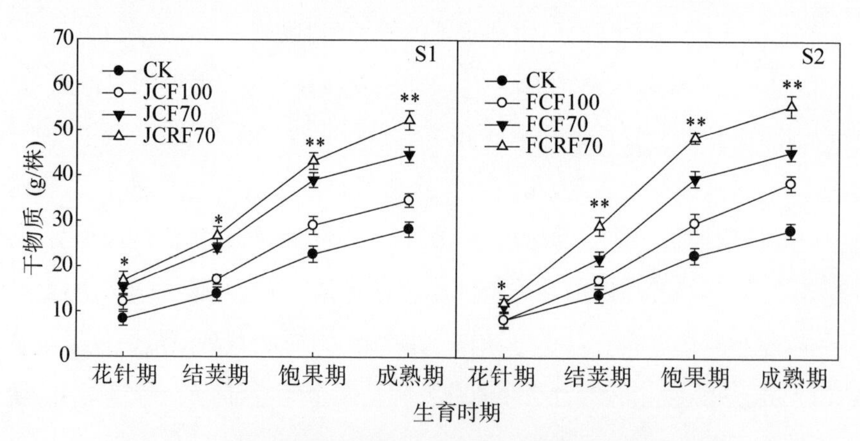

图 3-1　不同肥料运筹对麦套花生干物质积累的影响(刘兆新，2021)

S1. 小麦拔节期追肥；S2. 小麦挑旗期追肥

由表 3-1 可以看出，成熟期不同肥料运筹下干物质在花生各器官间的分配比例不同，表现为荚果>茎>叶>根。两作 3 次施肥方式荚果干物质积累量占总积累量的比例较一作 2 次施肥显著提高，而茎和叶片干物质积累量占总积累量的比例降低。除此之外，两作 3 次施肥方式收获指数(HI)同样高于一作 2 次施肥。JCF70 处理的 HI 较 JCF100 提高了 5.8%，FCF70 处理较 FCF100 提高了 10.0%，处理间差异均达到显著水平，说明两作 3 次施肥方式有利于光合产物向麦套花生荚果转运，并且控释复合肥优于普通复合肥处理。

表 3-1　不同肥料运筹对麦套花生成熟期干物质积累与转运的影响(刘兆新，2021)

年份	追肥时期	处理	总干物质(g)	茎		叶		根		荚果		收获指数
				g	%	g	%	g	%	g	%	
2016	拔节期	CK	28.7d	8.8d	30.7	4.1d	14.3	1.5c	5.2	14.3d	49.8	0.50c
		JCF100	38.8c	10.5c	27.1	6.3c	16.1	1.7b	4.4	20.3c	52.4	0.52b
		JCF70	44.8b	12.2b	27.2	5.3b	11.8	2.5a	5.6	24.8b	55.4	0.55a
	挑旗期	JCRF70	58.8a	14.0a	23.8	9.5a	16.2	2.5a	4.3	32.8a	55.8	0.56a
		FCF100	28.7d	8.8c	30.7	4.1d	14.3	1.5c	5.2	14.3d	49.8	0.50c
		FCF70	38.6c	11.9b	30.8	5.4c	13.9	2.2b	5.7	19.2c	49.7	0.50c
		FCRF70	48.5b	11.7b	24.1	8.6a	17.8	1.7c	3.5	26.5b	54.6	0.55b
2017	拔节期	CK	60.4a	16.6a	27.5	6.9b	11.4	2.7a	4.4	34.2a	56.6	0.57a
		JCF100	30.5d	8.1d	26.7	7.9c	25.9	1.4b	4.5	13.1d	43.0	0.43d
		JCF70	43.4c	12.0c	27.6	9.5b	21.9	2.4a	5.4	19.6c	45.2	0.45c
	挑旗期	JCRF70	50.4b	14.1b	28.1	10.5a	20.9	2.4a	4.8	23.3b	46.2	0.46b
		FCF100	57.7a	15.5a	26.8	10.7a	18.6	2.4a	4.2	29.1a	50.5	0.50a
		FCF70	30.5d	8.1d	26.7	7.9c	25.9	1.4d	4.5	13.1d	43.0	0.43d
		FCRF70	59.3c	15.9c	26.7	14.2a	23.9	1.7c	2.8	27.6c	46.5	0.47c
ANOVA												
Y			* *	* *		*		NS		NS		*
S			* *	*		NS		NS		NS		*
T			* *	* *		* *		*		* *		* *
Y×S			*	NS		NS		NS		NS		NS
Y×T			* *	*		*		*		* *		* *
T×S			*	NS		NS		NS		NS		*
Y×S×T			NS	NS		NS		NS		NS		NS

注：同一参数中标以不同字母表示不同处理间在 $P<0.05$ 水平上差异显著，LSD 数据统计。
* * 代表 0.01 显著水平，* 代表 0.05 显著水平，NS 代表 0.05 水平不显著。下同。

控释肥料养分释放具有均匀、稳定的特点(Kaneta 等，1994)，小麦拔节期所施控释复合肥不仅能够为小麦季提供养分，而且在小麦与花生共生期间能够维持花生前期养分的需要，充当了花生底肥的效应，而普通复合肥料的养分释放较快，小麦拔节期肥料能为花生前期供应的养分较少，同时花针期追施的控释肥维持了花生生育后期养分的供应。在套种花生条件下，由于小麦季消耗大量营养，花生又不能施用底肥，花生追施控施复合肥可以连续为花生提高营养，保持较高的光合速率，这是提高麦套花生产量的理论基础。在等 $N - P_2O_5 - K_2O$ 比例和等养分量条件下，与普通肥料相比较，控释肥显著增加了花生荚果产量和生育后期的总生物量(邱现奎等，2010；张玉树等，2007)。本研究中，控释复合肥处理的花生氮素积累总量较普通复合肥提高了 16.4%～18.5%。这可能是由于控释复合肥能根据作物需要将营养元素缓慢地释放到土壤中，降低养分流失，保证花生生育后期养分供应，能够延缓叶片衰老，保持较高的光合性能，从而增加了干物质积累并促进氮素向花生荚果的转运。施用控释复合肥不仅能够显著增加小麦和玉米的产量，而且能够降低劳动力成本(Yang 等，2011；Ding 等，2011)。

第二节
麦套花生的氮素积累与分配

增施氮肥有利于花生氮素的吸收积累，花生的氮素吸收总量和氮肥利用率在一定范围内均随氮用量增加而增加，但氮用量达到一定水平时反而下降。花生根瘤固氮量及其占植株总吸氮量的比例也随着氮肥用量提高而逐渐降低（张翔等，2012）。施氮量对花生吸收土壤氮的比例影响不规律，但吸收肥料氮的比例随着施氮量的增加而增大，而生物固氮的比例随着施氮量的增加而减小（孙虎等，2010）。确定适宜的氮肥施用量和合理施肥时期是当前减少氮素损失、提高作物对氮素吸收利用的重点和核心（张福锁等，2008）。

由图 3-2 可以看出，施肥显著提高了麦套花生氮素积累总量，各处理氮素积累总量在成熟期达到峰值，小麦挑旗期追肥处理整体要高于拔节期追肥。施肥方式对氮素积累与分配的影响均达极显著水平（表 3-2）。成熟期 JCF70 和 JCRF70 处理的氮素积累总量较 JCF100 分别提高了 14.5%和 33.3%，FCF70 和 FCRF70

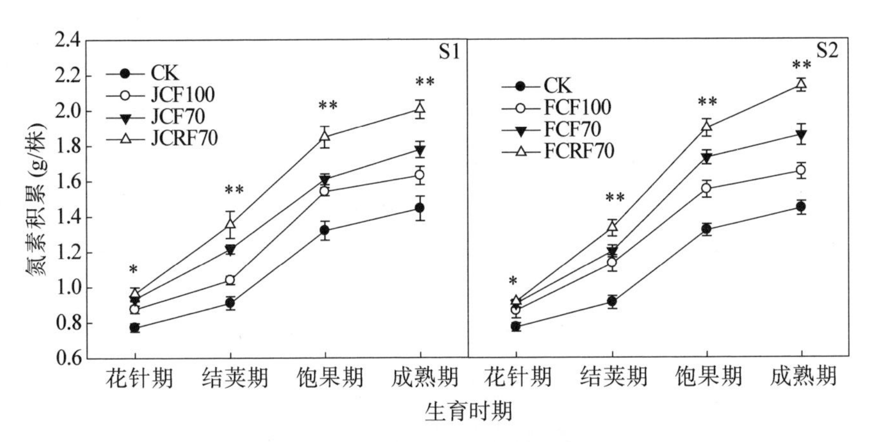

图 3-2　不同肥料运筹对麦套花生氮素积累的影响（刘兆新，2021）

S1. 小麦拔节期追肥；S2. 小麦挑旗期追肥

处理的氮素积累总量较 FCF100 分别提高了 18.5%和 40.4%。此外,两作 3 次施肥方式并选用控释复合肥能够提高氮素收获指数(NHI),成熟期 JCRF70 和 FCRF70 的氮素收获指数显著高于其他处理。

表 3-2 不同肥料运筹对麦套花生成熟期氮素积累与转运的影响(刘兆新,2021)

年份	追肥时期	处理	总氮(g/株)	茎		叶		根		荚果		NHI
				(g/株)	%	(g/株)	%	(g/株)	%	(g/株)	%	
2016	拔节期	CK	1.44d	0.23c	15.9	0.18c	12.5	0.02b	1.5	1.01e	70.0	0.70d
		JCF100	1.63c	0.24bc	14.8	0.23a	14.1	0.03b	1.6	1.13d	69.5	0.69d
		JCF70	1.85b	0.26b	14.0	0.21b	11.3	0.03b	1.8	1.35c	72.8	0.73c
	挑旗期	JCRF70	2.12ab	0.29a	13.7	0.23a	10.8	0.04ab	1.9	1.56b	73.6	0.74bc
		FCF100	1.66c	0.24c	14.5	0.18c	10.8	0.04ab	2.4	1.20d	72.3	0.72c
		FCF70	1.96b	0.26b	13.3	0.18c	9.2	0.05a	2.6	1.47bc	75.0	0.75b
		FCRF70	2.30a	0.25bc	10.9	0.21b	9.1	0.05a	2.4	1.78a	77.6	0.78a
2017	拔节期	CK	1.10e	0.15d	13.6	0.13e	11.8	0.02c	1.9	0.79e	71.7	0.72b
		JCF100	1.62d	0.22c	13.6	0.21c	12.8	0.04b	2.4	1.15d	71.2	0.71c
		JCF70	1.87c	0.22c	11.9	0.24b	12.8	0.04b	2.1	1.37c	73.1	0.73b
	挑旗期	JCRF70	2.21ab	0.24b	10.9	0.27a	12.1	0.05ab	2.4	1.65b	74.7	0.75ab
		FCF100	1.80c	0.28a	15.6	0.19d	10.6	0.03bc	1.7	1.30c	72.2	0.72b
		FCF70	2.14b	0.27a	12.6	0.23b	10.7	0.04b	1.9	1.60b	74.7	0.75ab
		FCRF70	2.56a	0.28a	10.9	0.27a	10.6	0.06a	2.3	1.95a	76.2	0.76a
ANOVA												
Y			**	*		*		NS		*		NS
S			*	*		*		NS		*		*
T			**	**		**		*		**		**
Y×S			*	NS		NS		NS		NS		NS
Y×T			**	*		NS		NS		NS		*
T×S			*	NS		NS		NS		NS		NS
Y×S×T			NS	NS		NS		NS		NS		NS

成熟期不同肥料运筹下氮素在花生各器官间的分配比例与干物质表现出相同的变化规律(表 3-2),各处理均表现为荚果>茎>叶>根。两作 3 次施肥方式荚果氮素积累量占总积累量的比例同样显著高于一作 2 次施肥,而茎和叶片氮素积累量占总积累量的比例低于一作 2 次施肥。同时,两作 3 次施肥的氮素收获指数(NHI)较一作 2 次施肥显著提高,且挑旗期追肥处理高于拔节期追肥处理,两年的变化规律一致。

氮素是植物生长重要的营养元素和信号分子,在多个方面控制着植物的代谢和发育过程(Stitt 等,2002;Krouk 等,2010)。有效的氮肥管理措施对提高作物产量和氮素利用效率至关重要。在玉米和燕麦上的研究表明,分时期分次施肥并适当推迟施肥时期能够增加作物自身氮素来源于肥料的比例(Zhao 等,2012;Wang 等,2016)。本研究表明,两作 3 次施肥方式显著增加了氮素在麦套花生各器官的积累,挑旗期追肥各处理氮素积累量要高于拔节期追肥处理。李向东等(1996)同样认为,在麦套花生种植体系中,小麦在挑旗期追肥增加了花生氮素来源于肥料的比例。

氮素收获指数(NHI)反映了氮素在作物籽粒以及营养器官的分布情况,与收获器官密切相关(Jin 等,2012;Zheng 等,2016)。本研究中,两作 3 次施肥方式提高了麦套花生的 NHI,JCF70 处理较 JCF100 提高了 4.3%,FCF70 处理较 FCF100 提高了 4.5%。在小麦套种花生种植体系中,前茬小麦在整个生育期内消耗了大量养分,麦收后地块肥力不足导致花生中后期土壤中的养分缺乏,而两作 3 次施肥同时推迟施肥时期能满足花生季对养分的需求。前人研究表明,控释肥提高了夏玉米抽雄后穗位叶氮素代谢酶的活性,这种氮素代谢酶活性的提高能够增加灌浆期植株氮素总积累量并促进氮素向玉米籽粒的转运(Li 等,2017)。本研究表明,在施氮量相同的情况下,与普通复合肥相比,控释复合肥显著增加了麦套花生的氮素吸收,同时促进了氮素向花生荚果的转运,并最终提高了花生收获指数。

参考文献

Ding H, Zhang Y S, Qin S J, et al. 2011. Effects of 15nitrogen-labeled gel-based controlled-release fertilizer on dry-matter accumulation and the nutrient-uptake efficiency of corn. *Communications in Soil Science and Plant Analysis*. 42:1594 - 1605.

Jin L B, Cui H Y, Li B, et al. 2012. Effects of integrated agronomic management practices on yield and nitrogen efficiency of summer maize in North China. *Field Crops Research*, 134:30 - 35.

Kaneta Y, Awasaki H, Murai Y. 1994. The non-tillage rice culture by single application of fertilizer in a nursery box with controlled-release fertilizer. *Japanese Journal of Soil Science and Plant Nutrition*, 65:385 - 391.

Krouk G, Crawford N M, Coruzzi G M, et al. 2010. Nitrate signaling: adaptation to fluctuating environments. *Current Opinion in Plant Biology*, 13:266 - 273.

Li G H, Zhao B, Dong S T, et al. 2017. Interactive effects of water and controlled release urea on nitrogen metabolism, accumulation, translocation, and yield in summer maize. *Science of Nature*, 104:72.

Stitt M, Müller C, Matt P, et al. 2002. Steps towards an integrated view of nitrogen metabolism. *Journal of Experimental Botany*, 53:959 - 970.

Wang S J, Luo S S, Li X S, et al. 2016. Effect of split application of nitrogen on nitrous oxide emissions from plastic mulching maize in the semiarid Loess Plateau. *Agriculture, Ecosystems & Environment*, 220:21－27.

Yang Y C, Zhang M, Zheng L, et al. 2011. Controlled release urea improved nitrogen use efficiency, yield, and quality of wheat. *Agronomy Journal*. 103:479－485.

Zheng Y M, Sun X S, Wang C B, et al. 2016. Differences in nitrogen utilization characteristics of different peanut genotypes in high fertility soils. *Chinese Journal of Applied Ecology*, 27:3977－3986.

Zhao G Q, Ma B L, Ren C Z, et al. 2012. Timing and level of nitrogen supply affect nitrogen distribution and recovery in two contrasting oat genotypes. *Journal of Plant Nutrition and Soil Science*, 75:614－621.

刘兆新,刘妍,刘婷如,等. 2017. 控释复合肥对麦套花生光系统Ⅱ性能及产量和品质的调控效应. 作物学报,43(11):1667－1676.

李向东,张高英,万勇善,等. 1996. 小麦花生两熟双高产一体化施肥技术研究. 中国油料作物学报,18(1):22－26.

邱现奎,董元杰,史衍玺,等. 控释肥对花生生理特性及产量、品质的影响. 2010. 水土保持学报,24(2):223－226.

孙虎,李尚霞,王月福,等. 2010. 施氮量对不同花生品种积累氮素来源和产量的影响. 植物营养与肥料学报,16(01):153－157.

王才斌,成波,孙秀山,等. 2002. 应用^{15}N研究小麦花生两熟制氮肥分配方式对小麦、花生产量及氮肥利用率的影响. 核农学报,16(2):98－102.

王才斌,成波,迟玉成,等. 1996. 小麦花生两熟制高产生育规律及栽培技术研究—Ⅱ. 种植模式. 花生科技,(2):5－8.

王才斌,成波. 1997. 小麦花生两熟制双高产栽培磷肥平衡施用研究,29(3):145－148.

张福锁,王激清,张卫峰,等. 2008. 中国主要粮食作物肥料利用率现状与提高途径. 土壤学报,45(5):915－924.

张翔,张新友,毛家伟,等. 2011. 施氮水平对不同花生品种产量与品质的影响. 植物营养与肥料学报,17(6):1417－1423.

张翔,张新友,张玉亭,等. 2012. 氮用量对花生结瘤和氮素吸收利用的影响. 花生学报,41(4):12－17.

张翔,毛家伟,司贤宗,等. 2015. 施氮时期对夏花生产量及氮素吸收利用的影响. 中国油料作物学报,37(6):897－901.

张玉树,丁洪,卢春生,等. 2007. 控释肥料对花生产量、品质以及养分利用率的影响. 植物营养与肥料学报,13(4):700－706.

第四章

麦套花生的衰老特性

衰老是器官或组织逐步走向功能衰退和死亡的变化过程。衰老在植株外形上主要表现为叶片由绿变黄至全叶枯萎,在内部表现为叶片衰老细胞的程序化死亡。光合性能衰退是植物衰老的重要特征之一。叶绿体是植物进行光合作用的重要场所,其光合性能衰退是由叶绿体结构和功能发生变化引起的(林久生等,2001)。研究表明,花生叶片衰老期间叶绿体结构发生明显变化:外形由长椭圆形逐渐趋于圆形;叶绿体内淀粉粒由多而大逐渐变为少而小,而油脂则由小而少变为大而多;基粒片层由细长、沿叶绿体长轴方向排列,逐渐变粗短、排列杂乱甚至模糊不清,最后叶绿体被膜破裂,内含物开始向细胞中扩散而解体(李向东等,2002)。超氧化物歧化酶(SOD)、过氧化物酶(POD)和抗坏血酸过氧化物酶(APX)是植物体内的3种保护酶,SOD是生物防御活性氧伤害的重要保护酶之一,POD和APX分别是清除过氧化物与过氧化氢(H_2O_2)的关键酶。较高的酶活性可以使植物保持较高的生理活性，延缓植株衰老进程。

试验于2015—2016年在山东农业大学农学试验站进行。试验选用N、P_2O_5、K_2O含量分别为20%、15%、10%的普通复合肥和控释复合肥为供试肥料，设置两季作物总施肥量为1 500 kg/hm^2（折合纯氮300 kg/hm^2、P_2O_5 225 kg/hm^2、K_2O 150 kg/hm^2），其中冬小麦季施总施肥量的70%，即纯氮210 kg/hm^2、P_2O_5 157.5 kg/hm^2、K_2O 105 kg/hm^2，分底施35%和拔节期追施35%、底施35%和挑旗期追肥35%；花生季施总施肥量的30%，即纯氮90 kg/hm^2、P_2O_5 67.5 kg/hm^2、K_2O 45 kg/hm^2，于始花前一次施用；以不施肥为对照(CK)，共计5个处理（表4-1）。冬小麦于10月10日播种，行距30 cm，6月10日收获，供试品种为济麦22。花生于5月25日（小麦收获前15 d）套种在小麦行间，穴距20 cm，每穴播2粒，10月5日收获，供试品种为606。随机区组排列，重复3次，田间管理同一般高产田。

表4-1 试验处理设计（刘兆新，2018）

处理	小麦			花生
	基肥(%)	拔节期(%)	挑旗期(%)	始花前(%)
对照(CK)	0	0	0	0
普通复合肥(JCF)	35	35	0	30
控释复合肥(JCRF)	35	35	0	30
普通复合肥(FCF)	35	0	35	30
控释复合肥(FCRF)	35	0	35	30

第一节
麦套花生的衰老酶活性

植物在后期衰老过程中，体内丙二醛(MDA)含量增加，同时活性氧积累过多，使膜脂产生脱酯化作用、磷脂游离，造成膜结构破坏、细胞内物质外渗、电导率增大、细胞失去活力。膜系统的破坏会引起一系列的生理生化紊乱，再加上活性氧对一些生物功能分子的直接破坏，这样植物就会受到伤害，但由于细胞内存在一系列的抗氧化系统而使这些活性氧得以清除(袁琳等，2005)。SOD、POD、APX等相互协作，共同维持植物体内活性氧的平衡，削弱膜脂过氧化作用，限制潜在的氧伤害，在作物衰老过程中起着重要的保护作用(龚明等，1989)。

一、丙二醛(MDA)含量

MDA为膜脂过氧化产物，标志着膜脂过氧化程度。由图4-1A可知，整个生育期内，花生叶片MDA含量呈不断上升趋势。施肥显著降低了麦套花生各生育时期的MDA含量，小麦挑旗期追肥处理下降幅度大于拔节期追肥处理。不同肥料类型间相比，JCRF70在各时期较JCF70分别降低1.6%、10.9%、7.8%和7.4%。FCRF70处理较FCF70处理分别降低5.7%、16.6%、14.2%和14.7%，在结荚期、饱果期与成熟期均达到显著水平，表明控释复合肥有利于降低花生生育中后期叶片的膜脂过氧化程度，延缓叶片衰老。

二、抗氧化酶活性

从图 4－1B 可见，随生育期延长，各处理花生叶片 SOD 活性呈先升高后下降的趋势，活性高峰出现在结荚期。施肥显著提高了各生育时期 SOD 活性，控释复合肥能够维持生育后期较高的 SOD 活性，在饱果期与成熟期 JCRF70 处理较 JCF70 分别提高 9.9%和 54.0%，FCRF70 处理较 FCF70 处理分别提高 7.7%和 38.2%，且小麦挑旗期追肥处理高于拔节期追肥处理。POD、APX 与 SOD 呈现出相似的变化规律(图 4－1C、D)，JCRF70 处理的 POD 活性与 APX 活性在饱果期与成熟期较 JCF 分别提高 9.2%、13.2%和 14.5%、18.7%，FCRF70 处理较 FCF70 处理分别提高 7.6%、13.7%和 11.7%、17.8%，表明控释复合肥可增强花生生育中后期叶片清除活性氧的能力，从而延长叶片生理功能期。

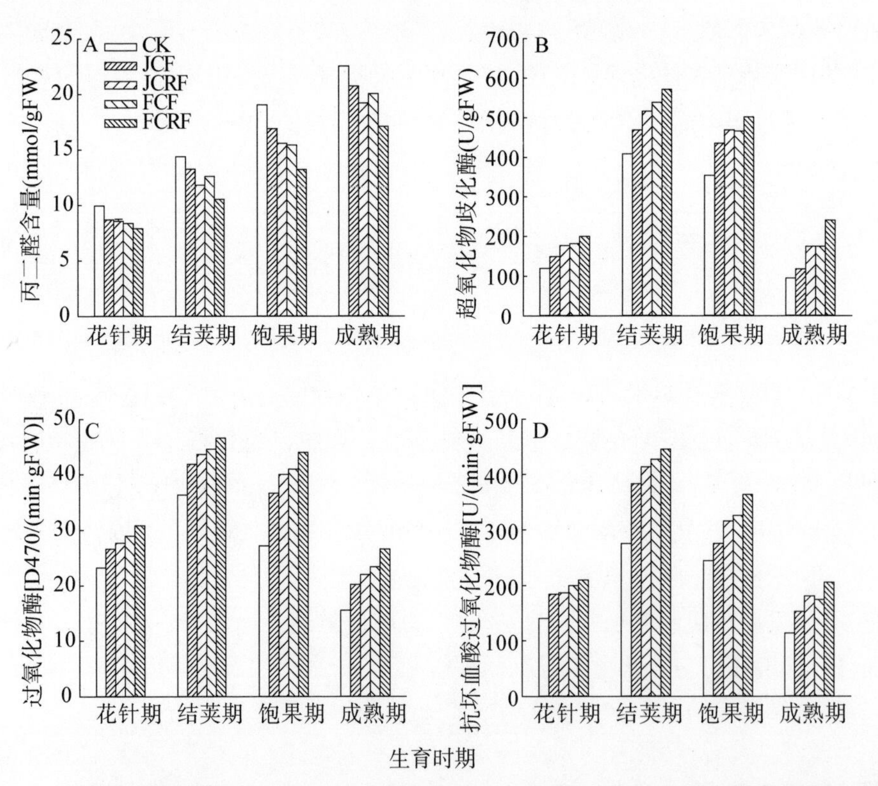

图 4－1 不同施肥处理对花生叶片 MDA(A)含量及 SOD(B)、POD(C)、APX(D)活性的影响(刘兆新，2021)

第二节
麦套花生的根系活力与硝酸还原酶活性

植株生长发育是地上部和地下部协调发展的结果，地上部分可为地下根系提供充足的光合产物，有利于根系生理功能的建成，同时较大的根系生物量和较高的根系活力有利于对水分和养分的吸收和运输(Mackay 等，1986)。据研究表明，增施氮肥可以提高小麦、水稻等作物的根系活力(熊淑萍等，2016；孙静文等，2003)。硝酸还原酶是植物氮代谢的关键酶，其活性大小影响 NO_3^- 转化的程度和速度，在一定程度上能够反映植物氮素同化及为蛋白质积累提供氮源的能力。研究表明，在施等养分条件下，与常规肥料相比，控释肥能够显著提高夏玉米吐丝期至成熟期和冬小麦灌浆期至成熟期叶片中硝酸还原酶活性，促进植株氮的代谢(卫丽等，2010；李学刚等，2010)。

根系活力在花生整个生育期内呈先升高后降低的变化趋势，于结荚期达到最大值(图 4－2A)。施肥显著提高了各时期的根系活力，且控释复合肥的效果优于普通复合肥。各时期根系活力表现为 FCRF70＞FCF70＞JCRF70＞JCF70＞CK，可见小麦挑旗期追肥对根系活力的提高效果更为明显，控释复合肥较普通复合肥能够维持麦套花生生育后期较高的根系活力，有利于后期根系对土壤中养分的吸收。

由图 4－2B 可以看出，随生育期延长，各处理花生叶片硝酸还原酶活性呈单峰变化趋势，结荚期出现活性高峰。花生结荚期后，控释复合肥处理叶片的硝酸还原酶活性下降相对缓慢，下降幅度显著小于普通复合肥处理。饱果期与成熟期各处理硝酸还原酶活性均表现为 FCRF70＞FCF70＞JCRF70＞JCF70＞CK。可见，控释复合肥能够保持麦套花生生长后期较高的硝酸还原酶活性，有利于后期氮素的转化，且小麦挑旗期追肥处理优于拔节期追肥处理。

丁红等(2013)研究指出，适量施氮提高了叶片 SOD 和 POD 活性，降低了叶片膜脂过氧化程度，促进了花生根系和地上部生长。本试验研究结果表明，花生叶片

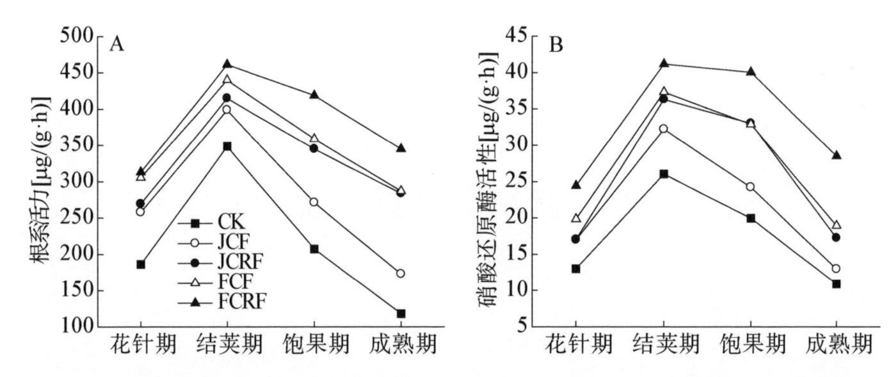

图 4-2 不同肥料处理对花生叶片根系活力(A)和硝酸还原酶活性(B)的影响(刘兆新,2021)

在自然衰老过程中,MDA 含量持续上升,并在饱果期上升幅度较大。在整个生育期内,不施肥处理的 MDA 含量明显高于施肥处理,普通复合肥处理也高于控释复合肥处理,且在饱果期与成熟期均达到显著水平。以上表明,花生生长发育后期,膜质过氧化作用明显加强,叶片衰老加剧,而施用肥料能降低花生叶片 MDA 含量,延迟衰老,且控释复合肥的效果优于普通复合肥。分析认为,由于控释复合肥的控释效果,在花生饱果期与成熟期养分仍能稳定释放,使土壤氮素含量保持在较高水平,保证花生生育后期氮素供应,具有"肥效后移"的特点,推迟了叶片中的氮素向花生籽粒提前转移,有利于延缓衰老。

有研究认为,叶片中充足的氮素供应可促进玉米素核苷(ZR)、二氢玉米素腺苷(DHZR)和异戊烯基腺苷(iPA)的合成,刺激 SOD、POD 等抗氧化酶的产生,抑制 ABA 积累,降低 MDA 含量,使植物体内活性氧维持在较低水平,以此保护各类功能生物大分子、提高清除活性氧的能力、减少伤害(李文娟,2012)。本试验条件下,在小麦套种花生周年种植体系下,与拔节期追肥相比,挑旗期追肥能显著提高花生生长后期 SOD、POD 和 APX 活性,降低 MDA 含量及叶片膜脂过氧化程度,表明适当推迟小麦追肥时期更有利于延缓麦套花生的衰老;在 $N-P_2O_5-K_2O$ 等比例和等养分处理下,控释复合肥的效果要优于普通复合肥。

参考文献

Mackay A D, Barber S A. 1986. Effect of nitrogen on root growth of two genotypes in the

field. *Agronomy Journal*, 78(4):699 - 703.
丁红,张智猛,戴良香,等. 2013. 干旱胁迫对花生根系生长发育和生理特性的影响. 应用生态学报,26(2):450 - 6.
龚明,丁念诚,贺子义,等. 1989. 盐胁迫下大麦和小麦叶片脂质过氧化伤害与超微结构变化的关系. 植物学报,(11):841 - 255.
李文娟. 2012. 玉米氮素营养生理及其与叶片衰老的关系. 北京:中国农业科学院博士学位论文.
袁琳,克热木 · 伊力,张利权. 2005. NaCl胁迫对阿月浑子实生苗活性氧代谢与细胞膜稳定性的影响. 植物生态学报,29(6):985 - 991.
林久生,王根轩. 2001. 渗透胁迫诱导的小麦叶片细胞程序性死亡. 植物生理学报,(03):221 - 225.
李向东,王晓云,余松烈,等. 2002. 花生叶片衰老过程中光合性能及细胞微结构变化. 中国农业科学,35(4):384 - 389.
李学刚,宋宪亮,孙学振,等. 2010. 控释氮肥对棉花叶片光合特性及产量的影响. 植物营养与肥料学报,16(3):656 - 662.
孙静文,陈温福,曾雅琴,等. 2003. 氮素水平对粳稻根系形态及其活力的影响. 沈阳农业大学学报,34(5):344 - 346.
卫丽,马超,黄晓书,等. 2010. 控释肥对夏玉米碳、氮代谢的影响. 植物营养与肥料学报,16(3):773 - 776.
熊淑萍,吴克远,王小纯,等. 2016. 不同氮效率基因型小麦根系吸收特性与氮素利用差异的分析. 中国农业科学,49(12):2267 - 2279.

第五章

麦套花生的氮素利用效率

花生植株地上部氮素吸收主要集中在开花下针至荚果膨大阶段，在 120 kg/hm^2 施氮总量下，按基肥施 40 kg/hm^2、苗期和花针期分别追施 40 kg/hm^2 或基肥 60 kg/hm^2、花针期追施 60 kg/hm^2 进行施氮管理，产量可以达到 4 500 kg/hm^2 以上，同时还可以获得较高的氮素利用效率（张翔等，2015）。在小麦花生两熟制条件下，全年足量氮肥、不同分配方式对小麦和花生产量影响较大，全年氮肥两作 3 次施用（小麦基肥、追肥和花生基肥）氮素利用率为 32.52%，一作 2 次施用（小麦基肥和追肥）氮素利用率为 37.01%，但前者土壤残留多、损失少，氮肥回收率为 69.24%，较后者高 12.03 个百分点，且前者有利于小麦、花生产量的形成（王才斌等，2002）。相关研究表明，在麦套花生种植体系下，全年氮肥两作 3 次施用（小麦基肥、追肥和花生追肥），同时将追肥推迟到小麦挑旗期，对小麦产量无显著影响，但是能显著提高花生产量和全年氮素回收效率，并降低氮素损失（刘兆新等，2019）。

第一节
麦套花生周年氮素吸收、氮素收获指数和表观回收效率

相对于传统施肥“一炮轰”而言，分期分次施肥能够提高作物 NRE，增加产量(Shi 等，2012)。同时，单次过量施用肥料还会导致氮肥利用效率降低，进而对环境造成一定的负面影响。前茬作物残留氮素能够占后茬作物氮素吸收总量的 20.9%～48.4%(Tilman 等，2002；Guo 等，2010；Liu 等，2001)。两作 3 次施肥方式不仅提高了花生荚果产量，也提高了小麦籽粒产量。相关研究表明，与一作 2 次施肥(小麦基肥和追肥)相比，全年氮肥两作 3 次施用(小麦基肥和追肥，花生基肥)提高了氮素吸收来自肥料的比例以及氮素收获指数、降低了氮素损失，从而增加了两种作物周年总产(Liu 等，2018)。

施肥措施和年份对小麦和花生的氮素吸收总量均有显著影响，但两种作物均不存在施肥措施和年份的互作效应(表 5-1)。与对照(CK)相比，各施肥处理小麦和花生的氮素吸收总量分别提高了 32.7%～35.1%和 56.1%～121.9%。小麦季，各处理氮素吸收总量在 2016 年和 2017 年分别为 178.2～240.6 kg/hm^2 和 195.1～263.8 kg/hm^2。但是，JCF100、JCF70 和 FCF70 处理间，在 2016 年无显著差

表 5-1 施肥措施与年份互作下氮素吸收、氮素收获指数和表观回收效率间的方差分析(刘兆新，2021)

因素	小麦			花生		
	氮素吸收	氮素收获指数	表观回收效率	氮素吸收	氮素收获指数	表观回收效率
年份(Y)	45.55***	0.93	22.94***	9.46*	15.22**	3.49
氮处理(N)	91.9***	16.31*	182.08***	255.37***	231.86***	717.85***
互作(Y×N)	0.41	1.20	6.63	0.27	1.39	3.03

异。花生季,各处理氮素吸收总量在 2016 年和 2017 年分别为 83.8～181.0 kg/hm^2 和 76.0～173.6 kg/hm^2,且各处理间存在显著性差异(表 5-2)。

氮素收获指数(NHI)与氮素吸收总量表现出相同的变化趋势(表 5-2)。小麦季,各处理的 NHI 在 2016 年和 2017 年分别为 67.7%～73.1%和 65.8%～72.3%。但 JCF70 和 FCF70 处理的 NHI 在 2016 年无显著差异。花生季,各处理的 NHI 在 2016 年和 2017 年分别为 65.5%～75.3%和 67.2%～76.1%,且各处理间存在显著性差异。

表 5-2 不同施肥措施对氮素吸收总量、氮素收获指数和表观回收效率的影响(刘兆新,2021)

年份	处理	氮素吸收总量(kg/hm^2)		氮素收获指数(%)		氮素表观回收效率(%)	
		小麦	花生	小麦	花生	小麦	花生
2016	CK	178.2 c	83.8 d	67.7 c	65.5 d	/	/
	JCF100	234.1 a	128.9 c	69.6 b	70.0 c	18.6 c	15.0 c
	JCF70	233.7 a	165.3 b	72.0 ab	73.4 b	26.4 b	27.2 b
	FCF70	240.6 a	181.0 a	73.1 a	75.3 a	29.7 a	32.4 a
2017	CK	195.1 c	76.0 d	65.8 c	67.2 d	/	/
	JCF100	250.2 b	120.5 c	68.4 b	72.5 c	18.3 c	14.8 c
	JCF70	261.4 a	151.6 b	69.5 b	74.9 b	31.4 b	25.2 b
	FCF70	263.8 a	173.6 a	72.3 a	76.1 a	32.3 a	32.5 a

注:同一列数中标不同字母表示处理间在 $P<0.05$ 水平上差异显著,LSD 数据统计。下同。

施肥措施和年份对小麦季氮素表观回收效率(ARE)均有显著影响($P<0.001$),而仅施肥措施对花生季 ARE 有显著影响(表 5-1)。此外,小麦和花生的 ARE 与氮素吸收总量均存在显著的正相关关系(图 5-1)。各处理小麦和花生的

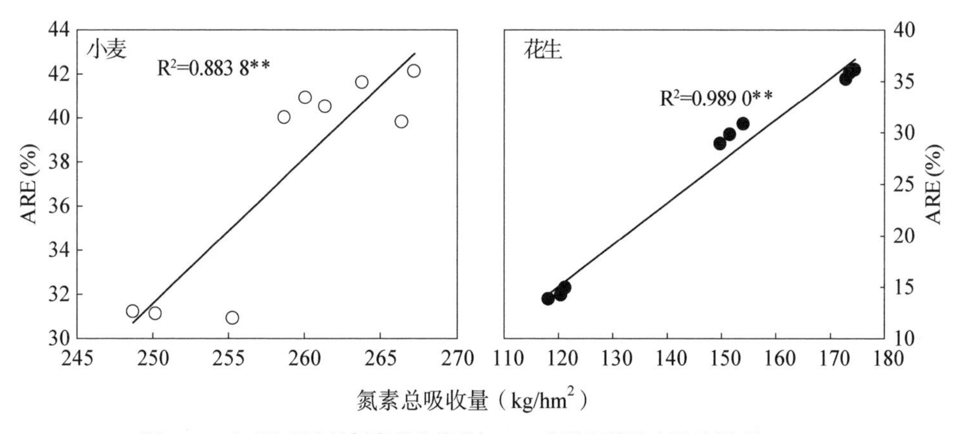

图 5-1 小麦和花生的氮素吸收总量与 ARE 间的相关性分析(刘兆新,2021)

ARE 分别为 18.6%～32.3%和 14.8%～32.5%。两作 3 次施肥方式小麦和花生的 ARE 要高于一作 2 次施肥。与 JCF100 相比，小麦季 JCF70 和 FCF70 处理的 ARE 提高了 56.6%和 68.0%，花生季 JCF70 和 FCF70 处理的 ARE 提高了 75.8%和 117.8%，各处理间差异均达到显著水平。从年际间来看，小麦季 2017 年各处理的平均 ARE 要高于 2016 年，而花生季的 ARE 两年间没有显著性差异。

氮素收获指数(NHI)是氮素利用效率的重要指标，与收获器官产量密切相关(Zheng 等，2016)。Yang 等(2011)在小麦-玉米轮作体系研究中同样发现，追施的^{15}N 肥料在籽粒中的积累要高于基肥。在燕麦的生育后期追肥，并将追肥时期推迟到挑旗期能够增加氮素向燕麦籽粒中的转运(Zhao 等，2012)。本研究中，两作 3 次施肥方式小麦和花生的收获指数均显著增加，表明有更多的氮素转移到了小麦籽粒和花生荚果。因此，虽然基施氮肥对作物早期营养生长至关重要，但要想获得更高产量，在生长中后期也要进行及时追肥。

在我国华北平原地区冬小麦-夏玉米轮作种植体系中，由于种植两种作物间隔的时间比较短，冬小麦收获后残留在土壤中的氮素同样可以被夏玉米吸收(Cai 等，2002；Ju 等，2006；Fang 等，2006)。这也就是在小麦套种花生种植体系中，小麦当季施肥不仅能提高小麦产量，而且会对花生(下一茬作物)产生残留肥效的原因。Luce 等(2016)研究指出，在油菜-小麦轮作种植体系中，根据前茬作物氮素吸收量来调整下一茬作物的施肥量能最大限度地增加氮素回收效率，减少氮素的损失。

第二节
麦套花生周年氮素吸收效率

运用[15]N同位素示踪技术可以较为准确地研究作物所吸收氮素的不同来源以及检测标记氮素在各器官的分布。本试验在田间试验小区内设置了[15]N同位素示踪微区，研究表明，小麦季[15]N来源于追肥的比例要高于基肥，这与Shi等(2007)研究结果一致。本研究同时表明，两作3次施肥方式显著增加了花生季氮素吸收总量(Nup)和Ndff。JCF70处理的Nup和Ndff较JCF100提高了13.7%和64.6%;FCF70处理的Nup和Ndff较JCF100提高了28.6%和102.5%。前人研究表明，与单次施肥("一炮轰"施肥)相比较，进行2次或3次施肥能够显著增加玉米季Ndff(wang等，2016)。同时，推迟小麦追肥时期，增加了花生季氮素吸收来源于肥料的比例，在相同追肥比例下，花生季[15]N来源于挑旗期追肥的比例要显著高于拔节期追肥。李向东等(1996)在麦套花生种植体系中得出了相同的结论，说明适宜的施肥时期对促进肥料氮素吸收和提高氮素利用率具有重要意义。

一、花生各生育时期氮素吸收以及来自肥料的比例

两作3次施肥同时推迟追肥时期对花生的氮素吸收总量和Ndff均有显著影响。与JCF100相比较，JCF70和FCF70处理的花生各生育时期Nup分别提高了13.1%～80.1%和24.8%～81.8%。同一施肥比例、不同追肥时期相比，FCF70处理的Nup在花针期与结荚期与JCF70处理无显著差异，但是在饱果期与成熟期，FCF70处理的Nup较JCF70处理分别提高了13.7%和3.9%。从花生对不同时期施肥的吸收利用情况来看，花生各生育时期对挑旗期追肥的吸收

较拔节期追肥提高了38.0%～130.0%，而花生对花针期追肥的吸收同样要高于挑旗期追肥。此外，FCF70处理的花生各生育时期Ndff较JCF70提高了20.7%～30.4%。

表5-3 不同施肥措施对花生各生育时期吸收氮素来源于肥料的比例(Ndff)的影响(刘兆新,2021)

生育时期	处理	氮素吸收总量	来自基肥	来自小麦追肥	来自花针期追肥	来自肥料	
		(mg/株)	(mg/株)	(mg/株)	(mg/株)	(mg/株)	(%)
花针期	CK	85.2 c					
	JCF100	94.5 b	6.8 a	11.7 c		18.5 b	19.6 a
	JCF70	170.2 a	4.1 b	15.0 b		19.1 b	11.2 c
	FCF70	171.8 a	3.5 b	20.7 a		24.2 a	14.1 b
结荚期	CK	498.6 c					
	JCF100	548.5 b	33.4 a	52.2 b		85.6 c	15.6 b
	JCF70	656.5 a	15.6 b	31.3 c	52.0 a	98.7 b	15.1 b
	FCF70	684.5 a	17.8 b	70.2 a	40.7 b	128.7 a	18.8 a
饱果期	CK	782.3 d					
	JCF100	874.7 c	52.0 a	68.5 a		120.5 c	14.6 b
	JCF70	1 037.3 b	15.6 b	35.9 b	126.4 a	177.6 b	17.1 a
	FCF70	1 200.5 a	19.8 b	65.6 a	118.9 a	214.3 a	17.9 a
成熟期	CK	966.9 d					
	JCF100	1 120.4 c	55.9 a	60.6 b		116.5 c	10.4 b
	JCF70	1 267.3 b	21.8 c	42.4 c	127.4 a	191.5 b	15.1 a
	FCF70	1 440.3 a	34.0 b	97.5 a	104.4 b	235.9 a	16.4 a

注：同一列数据标以不同字母表示不同处理间在$P<0.05$水平上差异显著，LSD数据统计。下同。

二、成熟期氮素在花生各器官的分配以及^{15}N所占比例

在成熟期，有61.8%～67.6%的^{15}N转运到花生荚果。与JCF100相比较，JCF70和FCF70处理的花生荚果Ndff分别提高了72.2%和121.8%。从花生对不同时期施肥的吸收利用情况来看，花生叶、茎、根和荚果中来源于挑旗期追肥的^{15}N较拔节期追肥分别提高了120.8%、82.1%、11.1%和147.8%，而FCF70处理花生各器官来源于花针期追肥的^{15}N要低于JCF70。此外，JCF70和FCF70处理叶片和茎秆的氮素分配率(NDR)显著低于JCF100，而荚果的NDR

显著高于 JCF100。与 JCF100 相比较,JCF70 和 FCF70 荚果的 NDR 分别提高了 4.5%和 9.4%。

表 5-4 不同施肥措施对成熟期氮素在花生各器官的分配以及^{15}N所占比例的影响(刘兆新,2021)

器官	处理	吸收总量	来自基肥	来自小麦追肥	来自花生追肥	来自肥料		分配率
		(mg/株)	(mg/株)	(mg/株)	(mg/株)	(mg/株)	(%)	(%)
叶片	CK	199.3 c						
	JCF100	206.5 c	13.2 a	14.9 b		28.1 c	13.6 c	24.1 a
	JCF70	235.5 b	4.0 c	7.7 c	27.8 a	39.4 b	16.7 a	20.6 b
	FCF70	300.4 a	6.6 b	17.0 a	22.3 b	45.9 a	15.3 b	19.4 b
茎秆	CK	133.4 c						
	JCF100	135.2 c	7.1 a	8.1 b		15.3 c	11.3 c	13.1 a
	JCF70	164.2 b	2.6 c	6.7 b	16.5 a	25.7 b	15.7 a	13.4 a
	FCF70	202.8 a	4.2 b	12.2 a	12.2 b	28.6 a	14.1 b	12.1 b
根系	CK	12.6 c						
	JCF100	14.2 b	0.7 a	0.7 b		1.3 b	9.3 b	1.1 b
	JCF70	16.8 a	0.4 b	0.9 ab	1.4 a	2.6 a	15.4 a	1.4 a
	FCF70	15.8 ab	0.4 b	1.0 a	1.1 b	2.5 a	15.6 a	1.1 b
荚果	CK	636.7 d						
	JCF100	734.3 c	33.9 a	37.9 b		71.9 c	9.8 c	61.8 c
	JCF70	850.7 b	14.8 c	27.2 c	81.9 a	123.8 b	14.5 b	64.6 b
	FCF70	1021.7 a	22.8 b	67.4 a	69.3 b	159.5 a	15.6 a	67.6 a

三、小麦花生周年氮素吸收以及来自肥料的比例

各施肥处理小麦和花生的 Ndff 分别为 34.6%～39.8%和 35.4%～61.9%(表 5-5)。与 JCF100 相比较,JCF70 和 FCF70 处理的小麦季 Ndff 分别降低了 8.6%和 6.3%,但 JCF70 和 FCF70 两处理间没有显著性差异;JCF70 和 FCF70 处理的花生季 Ndff 分别提高了 109.1%和 142.4%。此外,JCF70 和 FCF70 处理的周年 Ndff 较 JCF100 分别提高了 28.4%和 43.3%。小麦季^{15}N来源于追肥的比例要高于基肥,花生季^{15}N来源于花针期追肥的比例大约是挑旗期追肥或者拔节期追肥的两倍。在相同追肥比例下,花生季^{15}N来源于挑旗期追肥的比例要显著高于拔节期追肥。

表 5－5　小麦花生周年氮素吸收以及来自肥料的比例(Ndff)(刘兆新，2021)

处理		施肥比例	小麦季 来自肥料		花生季 来自肥料		小麦花生周年 来自肥料
		(%)	(kg/hm^2)	(%)	(kg/hm^2)	(%)	(kg/hm^2)
JCF100	B	50	28.8 f	12.3 e	16.3 e	13.5 e	
	G_{30}	50	64.4 a	27.5 a	26.4 d	21.9 c	
JCF70	B	35	39.7 c	17.0bc	14.5 e	9.6 d	
	G_{30}	35	45.5 d	19.5 c	23.7 d	15.7 d	
	R_1	30	/	/	51.0 b	33.6 b	
FCF70	B	35	34.0 e	13.5 d	9.5 f	5.5 e	
	G_{40}	35	53.3 b	21.1 b	34.3 c	19.8 c	
	R_1	30	/	/	63.5 a	36.6 a	
JCF100			93.2 a	39.8 a	42.7 c	35.4 c	135.9 c
JCF70			85.2 b	36.5 b	89.3 b	58.9 b	174.5 b
FCF70			87.3 b	34.6 b	107.4 a	61.9 a	194.7 a

四、成熟期^{15}N在小麦花生各器官的分配

在成熟期，^{15}N 在小麦各器官的分配比例表现为籽粒＞茎秆＞穗轴＋颖壳＞叶片；在花生各器官的分配比例表现为荚果＞茎＞叶＞根(图 5－6、图 5－7)。各施肥处理小麦籽粒中^{15}N 来源于追肥的比例较基肥提高了 72.3%～75.1%。花生荚果中^{15}N 来源于花针期追肥的比例要显著高于挑旗期追肥或者拔节期追肥，而其他营养器官中则表现出相反的变化规律，这表明基肥有利于作物生育前期氮素在营养器官的积累，而追肥则增加了氮素在籽粒中的积累。同时，与拔节期追肥相比较，挑旗期追肥促进了^{15}N 向花生荚果中的转运。

表 5－6　不同施肥措施对成熟期氮素在小麦各器官分配的影响(刘兆新，2021)

处理			根系 (%)	叶片 (%)	茎秆 (%)	籽粒 (%)
JCF100	N1	B	8.69	10.19	17.76	63.36
		G_{30}	7.61	8.77	12.27	71.35

（续表）

处理			根系(%)	叶片(%)	茎秆(%)	籽粒(%)
JCF70	N2	B	7.77	9.11	12.89	70.23
		G_{30}	9.12	9.12	9.43	72.34
FCF70	N3	B	9.60	11.09	12.08	67.23
		G_{40}	6.49	9.06	9.40	75.06

注：N1－B：小麦季施50%基肥；N1－G_{30}：小麦季拔节期追肥50%；N2－B：小麦季施35%基肥；N2－G_{30}：小麦季拔节期追肥35%；N2－R_1：花生季开花前追肥30%；N3－B：小麦季施35%基肥；N3－G_{40}：小麦季挑旗期追肥35%；N3－R_1：花生季开花前追肥30%。下同。

表5－7　不同施肥措施对成熟期氮素在花生各器官分配的影响（刘兆新，2021）

处理			叶片(%)	茎秆(%)	根系(%)	荚果(%)
JCF100	N1	B	8.27	12.99	2.38	76.36
		G_{30}	4.30	13.80	3.11	78.79
JCF70	N2	B	6.46	15.86	2.07	75.60
		G_{30}	2.83	18.51	2.24	76.42
		R_1	5.91	10.99	2.21	80.88
FCF70	N3	B	6.11	15.80	2.08	76.01
		G_{40}	3.55	15.38	3.00	78.07
		R_1	5.94	10.23	2.14	81.69

两作3次施肥方式同时推迟追肥时期对小麦季氮素吸收没有显著影响，但增加了花生季和周年的氮素吸收总量。小麦季^{15}N来源于追肥的比例要高于基肥。花生季^{15}N来源于花针期追肥的比例大约是挑旗期追肥或者拔节期追肥的两倍，在相同追肥比例下，花生季^{15}N来源于挑旗期追肥的比例要显著高于拔节期追肥。

第三节
麦套花生周年土壤氮素平衡

合理的施肥时期和充足的氮素供应对满足植株营养需求、增加植株氮素吸收和氮素回收效率(NRE)至关重要(Limon-Ortega 等, 2000)。表观氮素损失与施氮措施和施氮量密切相关(Zhao 等, 2009)。在我国华北平原地区冬小麦-夏玉米轮作种植体系中,由于种植两种作物间隔的时间比较短,冬小麦收获后残留在土壤中的氮素同样可以被夏玉米吸收(Cai 等, 2002; Ju 等, 2006; Fang 等, 2006; Heggenstaller 等, 2008)。据研究发现,前茬作物残留氮素能够占后茬作物氮素吸收总量的 20.9%~48.4%,所以在小麦套种花生种植体系中,小麦当季施肥不仅能提高小麦产量,而且会对花生(下一茬作物)产生残留肥效(Liu 等, 2002)。

^{15}N 示踪试验表明,所有施肥处理周年平均氮素回收效率、土壤残留率和损失率平均分别为 56.1%、23.1% 和 20.3%(表 5-8)。与 JCF100 相比较,JCF70 和 FCF70 处理的小麦季氮素回收效率分别提高了 40.5% 和 41.6%,但 JCF70 和 FCF70 两处理间没有显著性差异。JCF100、JCF70 和 FCF70 三个施肥处理中花生季和周年的氮素回收效率分别为 14.2%、29.8%、35.8% 和 45.3%、58.1%、64.9%,各处理间差异均达到显著水平。此外,JCF70 和 FCF70 处理的周年损失率要低于 JCF100,但是在 0~40 cm 土层内,JCF100 和 JCF70 两处理间的损失率没有显著性差异。

表 5-8 小麦套种花生种植体系中的氮素平衡(刘兆新,2021)

处理		施肥比例(%)	氮素回收效率(%)			土壤残留(%)	表观损失(%)
			小麦季	花生季	周年	周年	周年
JCF100	B	50	19.2 e	10.9 fg	30.1 f	17.1 d	67.9 b
	G_{30}	50	42.9 b	17.6 e	60.5 c	22.1 c	37.6 d

(续表)

处理		施肥比例(%)	氮素回收效率(%)			土壤残留(%)	表观损失(%)
			小麦季	花生季	周年	周年	周年
JCF70	B	35	37.8 c	13.8 f	57.1 cd	9.0 f	71.0 a
	G_{30}	35	43.3 b	22.6 d	60.4 c	13.3 e	65.6 b
	R_1	30	/	56.7 b	56.7 d	42.4 b	50.6 c
FCF70	B	35	32.3 d	9.1 g	41.4 e	14.1 e	71.4 a
	G_{40}	35	50.8 a	32.7 c	83.4 a	18.5 d	52.3 c
	R_1	30	/	70.6 a	70.6 b	51.5 a	27.3 e
JCF100		100	31.1 b	14.2 c	45.3 c	19.6 b	30.1 a
JCF70		100	40.5 a	29.8 b	58.1 b	21.5 b	23.7 b
FCF70		100	41.6 a	35.8 a	64.9 a	28.1 a	7.0 c

从小麦季来看，挑旗期或拔节期追肥的氮素回收效率显著高于基肥。从花生季来看，在相同的施肥比例下，挑旗期追肥的氮素回收效率显著高于拔节期追肥；此外，花针期追肥的氮素回收效率高于挑旗期追肥或拔节期追肥，而氮素损失率表现出相反的变化规律。JCF70 和 FCF70 处理的氮素回收效率、土壤残留率和损失率分别为 58.1%、18.2%、23.7%和 64.9%、28.1%、7.0%。由于同时具有较高的氮素回收效率和土壤残留率，FCF70 处理的损失率在 3 个施肥处理中最低。

研究同样表明，在麦套花生种植体系中，两种作物的肥料分配比例以及施肥时间显著影响花生的氮素回收效率（王才斌等，2002；张翔等，2016）。本研究中，JCF70 和 FCF70 处理的氮素回收效率显著高于 JCF100 处理。挑旗期追肥处理的氮素回收效率同样高于拔节期追肥处理，小麦季 FCF70 处理较 JCF70 提高了 50.8%和 37.8%；花生季 FCF70 处理较 JCF70 提高了 32.7%和 22.6%。这可能是因为在相同施肥量的情况下，推迟追肥时期，氮素在花生季的转运更加有效。因此，从周年来看，FCF70 处理的氮素回收效率最高。

表观氮素损失与施氮措施和施氮量密切相关（Zhao 等，2009）。本试验中，JCF100 处理把全部的肥料都施用在小麦季，而 JCF70 和 FCF70 两处理小麦季施肥占总肥料的 70%，花生季占 30%，JCF70 和 FCF70 两处理的表观氮素损失分别为 23.7%和 7.0%，显著低于 JCF100 处理。此外，挑旗期追肥的表观氮素损失要低于拔节期追肥，花生花针期追肥的表观氮素损失要低于小麦季追肥，这表明推迟追肥时期或者是分时期分次施肥是提高土壤氮素供应与作物氮素需求相同步，从而降低氮素损失的一种合理的肥料运筹方式。这在冬小麦研究中也得到证实（Shi

等，2006)。挑旗期追肥处理的 NRE 要高于拔节期追肥，表观氮素损失表现出相反的变化规律。这可能是因为小麦挑旗期追施的氮肥不仅能满足小麦后期对氮素的需求，而且在小麦收获后能够为花生苗期生长提供养分，充当了花生底肥的效应，促进了花生前期的营养生长(刘兆新等，2017)。

参考文献

Cai G X, Chen D L, Ding H, et al. 2002. Nitrogen losses from fertilizers applied to maize, wheat and rice in the North China Plain. *Nutrient cycling in Agroecosystems*, 63:187 - 195.

Fang Q X, Yu Q, Wang E L, et al. 2006. Soil nitrate accumulation, leaching and crop nitrogen use as influenced by fertilization and irrigation in an intensive wheat-maize double cropping system in the North China Plain. *Plant and Soil*. 284:335 - 350.

Guo G H, Liu X J, Zhang Y, et al, 2010. Zhang F S. Significant acidification in major Chinese croplands. *Science*, 327(5968):1008 - 1010.

Heggenstaller A H, Anex R P, Liebman M, et al. 2008. Productivity and nutrient dynamics in bioenergy double-cropping systems. *Agronomy Journal*, 100(6): 1740 - 1748.

Ju X T, Kou C L, Zhang F S, et al. 2006. Nitrogen balance and groundwater nitrate contamination: comparison among three intensive cropping systems on the North China Plain. *Environmental Pollution*, 143(1):117 - 125.

Luce M S, Grant C A, Ziadi N, et al. 2016. Preceding crops and nitrogen fertilization influence soil nitrogen cycling in no-till canola and wheat cropping systems. *Field Crops Research*, 191, 20 - 32.

Liu X J, Zhao Z J, Ju X T, et al. 2002. Effect of N application as basal fertilizer on grain yield of winter wheat, fertilizer N recovery and N balance. *Acta Ecologia Sinica*, 22(7): 1122 - 1128.

Liu Z X, Gao F, Liu Y, et al. 2018. Timing and splitting of nitrogen fertilizer supply to increase crop yield and efficiency of nitrogen utilization in a wheat-peanut relay intercropping system in China. *Crop Journal*, 7(1):101 - 112.

Liu Z X, Gao F, Yang J Q, et al. 2019. Photosynthetic Characteristics and Uptake and

Translocation of Nitrogen in Peanut in a Wheat-Peanut Rotation System Under Different Fertilizer Management Regimes [J]. *Frontiers in Plant Science*, 10:86.

Limon-Ortega A, Sayer K D, Francis C A. 2000. Wheat nitrogen use efficiency in a bed planting system in northwest Mexico. *Agronomy Journal*, 92(2):303 - 308.

Shi Z L, Jing Q, Cai J, et al. 2012. The fates of 15N fertilizer in relation to root distributions of winter wheat under different N splits. *European Journal of Agronomy*, 40:86 - 93.

Shi Y, Yv Z W, Li Y Q, et al. 2007. Study on the effects of nitrogen fertilizer rate and ratio of base and topdressing on winter wheat yield and fate of fertilizer nitrogen by 15N. *Scientia Agricultura Sinica*, 40:54 - 62 (in Chinese with English abstract).

Shi Y, Yv Z W, Wang D, et al. 2006. Effects of nitrogen rate and ratio of base fertilizer and topdressing on uptake, translocation of nitrogen and yield in wheat. *Acta Agronomica Sinica*. 12:142 - 148 (in Chinese with English abstract).

Tilman D, Cassman K G, Matson P A, et al. 2002. Agricultural sustainability and intensive production practices. *Nature*, 418(6898):671 - 677.

Wang C B, Zhang Y M, Shen P, et al. 2016. Determining N supplied sources and N use efficiency for peanut under applications of four forms of N fertilizers labeled by isotope 15N. Journal of *Integrative Agriculture*, 15:432 - 439.

Yang Y C, Zhang M, Zheng L, et al. 2011. Controlled release urea improved nitrogen use efficiency, yield, and quality of wheat. *Agronomy Journal*. 103:479 - 485.

Zhao X, Xie Y X, Xiong Z Q, et al. 2009. Nitrogen fate and environmental consequence in paddy soil under rice-wheat rotation in the Taihu lake region, China. *Plant and Soil*, 319:225 - 234.

Zheng Y M, Sun X S, Wang C B, et al. 2016. Differences in nitrogen utilization characteristics of different peanut genotypes in high fertility soils. *Chinese Journal of Applied Ecology*, 27:3977 - 3986.

Zhao G Q, Ma B L, Ren C Z, et al. 2012. Timing and level of nitrogen supply affect nitrogen distribution and recovery in two contrasting oat genotypes. *Journal of Plant Nutrition and Soil Science*, 75:614 - 621.

刘兆新,刘妍,刘婷如,等. 2017. 控释复合肥对麦套花生光系统Ⅱ性能及产量和品质的调控效应. 作物学报,43(11):1667 - 1676.

李向东,张高英,万勇善,等. 1996. 小麦花生两熟双高产一体化施肥技术研究. 中国油料作物学报,18(1):22 - 26.

石玉,于振文,王东,等. 2006. 施氮量和底追比例对小麦氮素吸收转运及产量的影响. 作物学报,(12):1860 - 1866.

王才斌,成波,孙秀山,等. 2002. 应用 15N 研究小麦花生两熟制氮肥分配方式对小麦、花生产量及氮肥利用率的影响. 核农学报,16(2):98 - 102.

张翔,毛家伟,司贤宗,等. 2016. 小麦—花生统筹施肥对花生产量、品质及土壤肥力的影响. 花生学报,45(1):24 - 28.

张翔,毛家伟,司贤宗,等. 2015. 施氮时期对夏花生产量及氮素吸收利用的影响. 中国油料作物学报,37(6):897 - 901.

第六章

麦套花生的周年产量

合理的间套作可以获得高产，在较低的生产水平下，间套作可以培肥地力，减少病虫害；在较高生产水平下，可以充分利用自然资源，减少投入，增加产出。麦套花生在整个生育期干物质日产量均高于同期春花生，特别是在饱果期，麦套花生的干物质分配率保持在 122.4%的水平（李向东等，1994）。这是因为麦套花生提早播种，能够延长有效花针期，使开花、下针、幼果形成集中，具有较长的产量形成期，利于躲过伏旱天气等的不良影响，达到花多针多、果多果饱的目的。同时，麦套花生总干物质积累速率高峰出现在结荚期，整个产量形成期内荚果干重日增量都保持较高水平，且后期不早衰。

施肥能够提高作物产量，增加种植者的经济效益。可持续的作物生产依赖于作物需氮与土壤供氮之间的平衡，土壤供氮水平受不断变化的土壤肥力所影响。氮是所有元素中对作物生长发育、籽粒形成和品质最重要的营养元素（Fageria 等，

2005)。但是,过多的施氮量并不能保证产量持续提高,而且还会降低氮素利用效率(Guo 等, 2010)。有效的氮肥管理措施是实现经济产量和提高氮素利用效率的基础(Pan 等, 2012)。在华北平原小麦-玉米轮作体系中,当施氮量从 392 kg/hm^2 降低至 300 kg/hm^2 时,玉米籽粒产量反而有所增加(Peng 等, 2017)。因此,在农作物实际施肥过程中,氮肥施用量应根据当地土壤状况以及肥料残留量进行合理调整。

第一节
小麦产量及其构成因素

不同施肥措施显著影响小麦籽粒产量($P<0.001$)(表 6-1)。各施肥处理的产量较对照(CK)提高了 36.9%～46.9%。与 JCF100 相比较,JCF70 和 FCF70 处理分别提高了 20%和 30%。两年间均为 FCF70 处理的小麦产量最高,平均为 8283.8 kg/hm^2。JCF70 和 FCF70 处理间小麦产量无显著性差异。此外,不同施肥措施对产量构成因素也具有显著影响($P<0.001$)。各施肥处理的穗数、穗粒数和千粒重显著高于 CK。2016 年,JCF70 和 FCF70 处理的穗粒数较 JCF100 分别提高了 4.5%和 11.2%;2017 年,JCF70 和 FCF70 处理的千粒重较 JCF100 分别提高了 3.2%和 3.7%。此外,小麦产量存在极显著的施肥措施与年份间的互作效应。

表 6-1 不同施肥措施对小麦产量及其构成因素的影响(刘兆新,2021)

年份	处理	穗数(穗/hm^2)	穗粒数(粒)	千粒重(g)	产量(kg/hm^2)
2016	CK	9735 b	30.2 d	31.5 c	5075.5 c
	JCF100	10035 a	35.8 c	34.7 b	6950.0 b
	JCF70	9930 a	37.4 b	36.0 a	7350.5 a
	FCF70	9840 a	39.8 a	35.5 a	7500.5 a
2017	CK	7575 c	37.6 b	36.0 b	6567.0 c
	JCF100	9480 b	38.6 a	37.4 b	8933.8 b
	JCF70	9660 a	39.1 a	40.6 a	9311.5 a
	FCF70	9540 a	38.7 a	41.1 a	9167.1 ab
年份(Y)		**	*	***	***
氮处理(N)		***	***	***	***
互作(Y×N)		NS	NS	**	***

注:同一参数中标以不同字母表示不同处理间在 $P<0.05$ 水平上差异显著,LSD 数据统计。*、**、*** 分别表示 0.05、0.01、0.001 显著水平,NS 代表 0.05 水平不显著。下同。

第二节
花生产量及其构成因素

由表 6-2 可以看出，不同施肥措施对花生的荚果产量和籽仁产量也具有显著影响。各施肥处理显著提高了花生的荚果产量和籽仁产量。与 JCF100 相比较，2016 年 JCF70 和 FCF70 处理的荚果产量提高了 18.1%和 25.3%，2017 年提高了 34.7%和 42.2%。从产量构成因素来看，施肥措施和年份对千克果数和千克仁数均有显著影响。JCF70 和 FCF70 处理间千克果数和千克仁数没有显著性差异，但 FCF70 处理荚果产量显著高于 JCF70。从年际间来看，2016 年花生的荚果产量和籽仁产量要高于 2017 年。

表 6-2　不同施肥措施对花生产量及其构成因素的影响(刘兆新，2021)

年份	处理	荚果产量(kg/hm^2)	籽仁产量(kg/hm^2)	千克果数	千克仁数	单株结果数	出仁率(%)
2016	CK	5 400 d	3 324 d	496 a	1 356 a	9.7 d	61.5 c
	JCF100	6 933 c	4 567 c	488 ab	1 295 b	11.3 c	65.8 b
	JCF70	8 188 b	5 412 b	476 b	1 255 b	12.5 b	66.1 b
	FCF70	8 685 a	5 926 a	468 c	1 145 c	14.4 a	68.3 a
2017	CK	3 556 d	2 217 d	654 a	1 649 a	9.3 c	62.3 c
	JCF100	4 010 c	2 582 c	646 a	1 539 b	12.1 b	64.6 b
	JCF70	5 401 b	3 643 b	623 b	1 467 c	14.2 a	67.5 a
	FCF70	5 703 a	3 891 a	596 c	1 475 c	15.3 a	68.3 a
年份(Y)		***	***	**	**	NS	NS
氮处理(N)		***	***	***	***	***	**
互作(Y×N)		***	**	***	**	NS	*

本研究中，在小麦套种花生种植体系中，总施肥量一定的情况下，与一作 2 次施肥(小麦基肥和追肥)相比较，全年氮肥两作 3 次施用(小麦基肥和追肥，花生基

肥)显著增加了小麦籽粒产量和花生的荚果产量。将追肥时期由小麦拔节期推迟至挑旗期,对小麦籽粒产量没有影响,但显著增加了花生的荚果产量和籽仁产量。FCF70 处理的花生荚果产量较 JCF70 提高了 5.9%,这与王才斌等(1999)和张翔等(2016)的研究结果相一致。他们同样认为,在小麦花生两熟制中,调整肥料在两种作物上的分配比例,进行一体化施肥既能够增加总产,又可以提升土壤肥力。此外,无论是拔节期追肥还是挑旗期施肥,控释复合肥处理的小麦产量和普通复合肥之间没有显著性差异。因此,本试验条件下,FCRF70 处理获得了最高的小麦、花生总产。以上表明,采用小麦、花生分作施肥并适当推迟小麦追肥时期,既有利于小麦产量的提高,又能够满足下茬花生的养分需求,提高花生荚果产量,从而达到麦油两熟双高产的目标。

此外,本试验结果表明,不同处理两种作物的产量在年际间均存在显著差异,进一步验证了施肥措施对作物产量的重要影响,这与 Shi 等(2007)和孙虎等(2010)的研究结果相一致。年际间产量的差异主要是由于不同氮肥管理措施作物地上部分对氮素的吸收比例不一致,最终导致土壤肥力不同造成的。Shi 等(2006)和 Zhang 等(2016)同样研究表明,花生的产量构成因素受基肥和追肥的比例影响,同时作为豆科作物,花生生长发育过程中所吸收的氮素不仅来源于施肥和土壤,还能通过根瘤菌进行生物固氮(Divito 等, 2014)。作物氮素吸收和产量之间具有显著正相关关系(Timsina 等, 2006)。

参考文献

Divito G A, Sadras V O. 2014. How do phosphorus, potassium and sulphur affect plant growth and biological nitrogen fixation in crop and pasture legumes? a meta-analysis. *Field Crops Research*, 156:161 - 171.

Fageria N K, Baligar V C. 2005. Enhancing nitrogen use efficiency in crop plants. *Advances in Agronomy*, 88:97 - 185.

Guo G H, Liu X J, Zhang Y, Shen J L, et al. 2010. *Significant acidification in major Chinese croplands. Scienc*e, 327:1008 - 1010.

Pan S G, Huang S Q, Jing Z. et al. 2012. Effects of N management on yield and N uptake of rice in central China. *Journal of Integrative Agriculture*, 11:1993 - 2000.

Peng Z P, Liu Y N, Li Y C, et al. 2017. Responses of nitrogen utilization and apparent nitrogen loss to different control measures in the wheat and maize rotation system. *Frontiers in Plant Science*, 8:160.

Shi Y, Yv Z W, Li Y Q, Wang X. 2007. Study on the effects of nitrogen fertilizer rate and ratio of base and topdressing on winter wheat yield and fate of fertilizer nitrogen by 15N. *Scientia Agricultura Sinica*, 40:54 - 62 (in Chinese with English abstract).

Shi Y, Yv Z W, Wang D, et al. 2006. Effects of nitrogen rate and ratio of base fertilizer and topdressing on uptake, translocation of nitrogen and yield in wheat. *Acta Agronomica Sinica*. 2006,12,142 - 148.

Timsina J, Panaullah G, Saleque M, et al. 2006. Nutrient uptake and apparent balances for rice-wheat sequences. I. *Nitrogen, Journal of Plant Nutrition*, 29:137 - 155.

Zhang X X, Xu X, Liu Y L, et al. 2016. Global warming potential and greenhouse gas intensity in rice agriculture driven by high yields and nitrogen use efficiency. *Biogeosciences*, 13:2701 - 2714.

李向东,万勇善,张高英,等. 1994. 麦套夏花生生育特点及干物质积累分配规律的研究. 中国油料,16(4):17 - 21.

宁堂原,焦念元,李增嘉,等. 2006. 施氮水平对不同种植制度下玉米氮利用及产量和品质的影响. 应用生态学报,17(12):2332 - 2336.

孙虎,李尚霞,王月福,等. 2010. 施氮量对不同花生品种积累氮素来源和产量的影响. 植物营养与肥料学报,(01):153 - 157.

王才斌,朱建华,成波,等. 1999. 小麦花生一体化优化施肥研究. 山东农业科学,(05):30 - 32.

张翔,毛家伟,司贤宗,等. 2016. 小麦—花生统筹施肥对花生产量、品质及土壤肥力的影响. 花生学报,45(1):24 - 28.

第七章

麦套花生的周年温室气体排放特性

CO_2、CH_4 和 N_2O 是最重要的温室气体，对温室效应的贡献率近 80%。其中，CO_2 对增强温室效应的贡献率最大，约占 76%（IPCC，2013）。土壤 CO_2 排放是陆地生态系统碳循环的重要过程（Schlesinger 和 Andrews，2000）。农业是 CO_2 的重要来源，每年对全球气候变化的贡献约 14.0%（Vermeulen 等，2012）；其次是 CH_4，温室效应潜能是 CO_2 的 21～23 倍，对温室效应的贡献率约占 15%（IPCC，2007）。近 30 年来，随着人类的发展，全球大气 CH_4 浓度逐渐增高，大约 60%的 CH_4 来源于人类活动，如农业生产、工业生产等（Heimann，2011）。N_2O 增温效应是 CO_2 的 296～310 倍（Myhre 等，2013），对温室效应的贡献率约占 5%，对臭氧层有很大的破坏力（Ravishankara 等，2009；IPCC，2013）。农田作为陆地的主要组成部分，是温室气体的重要排放源，这主要是由于农业生产中大量施用氮肥和有机肥造成的（IPCC，2013；Melillo 等，2002）。据研究发现，长期施肥会使农田土壤的一些重要理化性质发生改变，从而影响农田土壤呼吸(韩志卿等，2004)。不同肥料类型对土壤呼吸强弱也有不同的影响，影响土壤 CO_2 排放通量大小程度的肥料类型依次为氮肥＞磷肥＞钾肥(张志栋等，2010)。长期施用化肥不仅可以增加水稻季排放，而且可以促进非水稻种植季的排放，施用有机肥也可以显著增加淹水条件下水稻种植季的排放，导致温室气体强度的增加(商庆银等，2012)。与普通肥料相比较，控释复合肥能够降低水稻排水烤田期间 N_2O 的排放(Ji 等，2013)。从不同轮作方式来看，稻-麦或稻-油轮作比稻-冬闲系统的 N_2O 排放一般要高，其中冬季排水烤田的土壤 N_2O 排放量要高于冬灌田。耕作制度对稻田排放也有显著影响，免耕土壤较长耕土壤含有较多的水分和较小的总孔隙度，能够产生和排放较多的 N_2O(江长胜等，2005；熊正琴等，2003；陈书涛等，2015)。

第一节
麦套花生周年 CO_2 排放通量

在小麦生长季，CO_2 释放除了施基肥后出现一个较小峰外，各处理在整个越冬期一直保持在一个较低水平（图 7-1A）。但是，在拔节期施肥并浇水后的第三天，CO_2 释放达到了最高峰。对照处理的 CO_2 释放在整个小麦生长期都维持在一个较低水平，但施肥显著增加了 CO_2 释放；与 CK 相比较，各施肥处理 CO_2 排放通量升高了 22.1%～75.0%，表现为 JCF100>JCF70>JCRF70>CK。

在花生生长季，各施肥处理最大 CO_2 排放峰值出现在花针期施肥后的第四或第五天，CO_2 排放峰值表现为 JCF70>JCRF70>JCF100>CK。JCF70 和 JCRF70 处理的 CO_2 排放峰值较 JCF100 分别提高了 28.1%和 8.3%（图 7-1C）。整个花生季的 CO_2 排放要整体高于小麦季，尤其是 8 月和 9 月这两个月份。在相同施肥量情况下，JCRF70 处理的 CO_2 排放量在两个生长季均低于 JCF70，但是在花生成熟期出现了相反的现象（图 7-1A），这可能是由于控释复合肥在花生生长后期仍在向土壤中释放养分。

与 CK 相比较，各施肥处理的 CO_2 累积排放量显著增加；小麦季各施肥处理的 CO_2 累积排放量为 13 126～16 869 kg CO_2/hm^2，花生季为 21 074～27 700 kg CO_2/hm^2（表 7-2）。此外，两作 3 次施肥显著增加了 CO_2 累积排放量，JCF70 处理的周年 CO_2 累积排放量较 JCF100 提高了 5.2%。在相同施肥量情况下，JCRF70 处理的周年 CO_2 累积排放量较 JCF70 降低 5.9%。此外，CO_2 排放通量与土壤温度、土壤孔隙度（WFPS）和 NH_4^+-N 含量呈显著正相关（$P<0.01$）（表 7-1）。

从全年来看，两作 3 次施肥显著增加了 CO_2 排放通量，而且施肥后会出现一个排放峰值，与 Ward 等（2017）和 Wang 等（2016）研究结果相一致。不同施肥措施对 CO_2 排放通量具有显著影响（$P<0.01$），但 CO_2 排放通量不存在施肥措施和

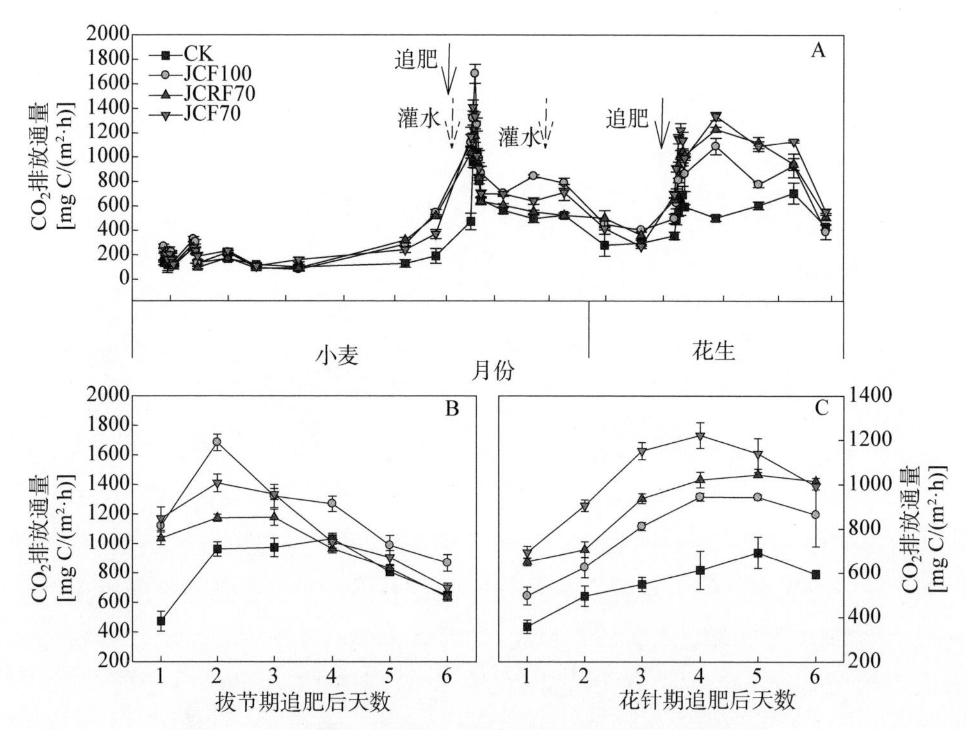

图 7-1 不同肥料运筹对 CO_2 周年排放通量的影响(刘兆新,2022)

实线箭头代表施肥,虚线箭头代表浇水。下同

肥料类型的互作效应,表明施肥对 CO_2 排放通量的影响较为复杂。关于氮素添加对农田生态系统土壤呼吸的研究表明,施肥通过直接影响根系和微生物活动或间接影响土壤的物理和化学性质而对土壤呼吸具有重要影响(Ding 等, 2007; Fan 等, 2015; Gong 等, 2014)。因此,施肥也会通过影响以上因素来影响 CO_2 排放通量。此外,与施肥处理相比较,CK 在小麦拔节期同样出现了一个 CO_2 排放峰值,这可能是由拔节期农田灌水引起的。在华北平原,农民在小麦施肥后一般会进行浇水以保证肥料的有效吸收,因此土壤含水量在一段时间内会保持在一个较高的水平,而土壤孔隙度对 CO_2 排放通量具有显著影响(Dossou-Yovo 等, 2016)。这些结果表明,CO_2 排放峰值会伴随着农田灌水出现,而施肥会进一步提高排放峰值。

本研究中,JCF70 处理的 CO_2 累积排放量较 JCF100 提高了 5.2%。这是因为花针期这次追肥正值高温多雨季节,较高的温度和土壤孔隙度加剧了土壤呼吸,从而增加了 CO_2 排放通量。这可能是因为氮肥施入后作物根系呼吸作用增强,同时增加了根系 C 的输入，进而刺激了土壤 CO_2 的排放(Iqbal 等，2009；Bird 等，2011；Ai 等，2012；Bicharanloo 等，2020)。Brar 等(2013)同样研究表明，由于根系在土壤表层(0～15 cm)大量分布，氮肥的施用显著增加了这一土层的有机碳含量，进而增加了 CO_2 排放通量。以上研究表明，施肥通过影响有机碳含量从而影响 CO_2 累积排放量。

JCF70 和 JCRF70 两处理中小麦季 CO_2 排放峰值要高于花生季。除了小麦季追肥量要多于花生季追肥量，小麦拔节期追肥后进行浇水也是其中原因之一。但是，各施肥处理的花生季 CO_2 累积排放量要显著高于小麦季，这可能是由以下 3 种原因造成的：第一，在我国华北平原地区，高温天气通常发生在 6—8 月，花生季较高的土壤温度会使土壤呼吸作用增强，从而增加 CO_2 排放通量。Zou 等(2018)和 Rustad 等(2001)同样报道了在一些地区 CO_2 排放通量在高温和降雨后会增加。第二，花针期是麦套花生生长发育的关键时期(万书波等，2003)，始花前的这次追肥极大促进了根系生长以及地上干物质的积累，增加有机碳向土壤里面的输入，提高相关酶的活性，从而诱导土壤有机质的矿化(Du 等，2018；Lu 等，2011)。第三，前人研究表明，CO_2 排放通量是由自养呼吸和异养呼吸引起的，受土壤孔隙度影响很大(Buragienė 等，2019)。我们的研究结果也表明，土壤温度与土壤孔隙度存在显著的正相关关系，尤其是在 6 月下旬至 8 月上旬，土壤孔隙度一直保持在一个较高水平。Wang 等(2013)研究同样发现，在冬小麦-夏玉米轮作种植体系中，CO_2 排放通量在温暖湿润的玉米生长季较高，而在小麦生长季则较低。

目前，农业生产中多使用化学肥料，以往的研究也主要集中在各种化学肥料对土壤 CO_2 排放的影响上。这些研究发现，施肥会导致 CO_2 排放通量升高，但不同类型肥料对其影响不同。Chi 等(2020)研究发现，在小麦-玉米周年轮作种植中，控释肥处理能够通过有效控制土壤氮和碳的含量，进而影响 CO_2 的排放。本研究中，JCF70 处理的 CO_2 累积排放量较 JCRF70 显著升高，可能是由于普通复合肥处养分的快速释放而导致土壤氮含量提高，从而增加了 CO_2 排放通量。此外，JCRF70 和 JCF100 两处理间的 CO_2 累积排放量没有显著性差异，表明使用控释复合肥能够抵消由于分次施肥而产生的 CO_2 排放量。前人研究表明，土壤微生物利用氮有效性进行呼吸作用，同时施氮与土壤 CO_2 排放之间存在一个过程(Chi 等，2020)。在这个过程中，控释复合肥中的有效性氮在分解过程中缓慢释放出来，这种缓慢释放是由其表面的复合包膜控制的(Liang 和 Liu，2006)，表明控释复合肥通过控制氮素的释放来减少 CO_2 的排放。

此外，本研究发现，不同施肥措施对周年 CO_2 累积排放量具有显著影响，但周

年 CO_2 累积排放量不存在施肥措施和肥料类型的互作效应。小麦季，JCRF70 处理的 CO_2 累积排放量显著低于 JCF70，但在花生季两处理间的 CO_2 累积排放量没有显著性差异，这可能反映了温度、WFPS、土壤质地、NH_4^+ - N 和 NO_3^- - N 等其他因素对 CO_2 排放的影响。Buragienė 等(2019)和 Ward 等(2017)也得出了类似的结论。

第二节 麦套花生周年 N_2O 排放通量

N_2O 排放通量与 CO_2 排放通量在小麦季与花生季均表现出相同的变化趋势(图 7-2A)。与 CK 相比较,各施肥处理的 N_2O 排放通量显著增加,尤其在灌水或者降雨后更为明显。小麦季各施肥处理的 N_2O 排放通量为 13.6～260.5 μg/(m^2·h),花生季为 24.3～130.9 μg/(m^2·h)。各处理出现的第一个 N_2O 排放峰值均在拔节期施肥后的第二天,JCF100 处理的排放峰值为 260.5 μg/(m^2·h),显著高于 JCF70 和 JCRF70。随后,N_2O 排放通量急剧下降,但是由于进行了田间灌溉,在 5 月 19 日出现了一个相对较大的峰值。在花生生长季,由于花针期追肥后没有浇水,此时出现的 N_2O 排放峰值要低于拔节期追肥后出现峰值,但是 N_2O 排放通量直到花生收获都保持在一个较高水平。JCF70 和 JCRF70 处理的 N_2O 排放通量在花针期追肥后第二天达到峰值,而且从第二天到第六天,JCF70 处理的 N_2O 排放通量始终高于 JCRF70(图 7-2B)。由于较高的气温和较多的降雨量,整个花生季各施肥处理的 N_2O 排放通量要整体高于小麦季(图 7-2A)。花针期追肥后,JCF70 和 JCRF70 处理的 N_2O 排放峰值较 JCF100 分别提高 70.6%和 49.5%。由于 5 月 18 日进行了田间灌溉,各处理在 19 日都出现了一个排放峰值。

在花生生长季,两作 3 次施肥方式 N_2O 累积排放量要显著高于一作 2 次施肥,而在小麦生长季,两处理之间没有显著性差异。从全年来看,CK、JCF100、JCF70 和 JCRF70 等 4 个处理的 N_2O 累积排放量分别为 2.59 kg N_2O/hm^2、4.21 kg N_2O/hm^2、5.84 kg N_2O/hm^2 和 4.55 kg N_2O/hm^2(表 7-2)。JCRF70 处理的 N_2O 排放通量整体上低于 JCF70(图 7-2A),JCRF70 处理的平均 N_2O 累积排放量在小麦季和花生季较 JCF70 分别降低 12.9%和 34.1%。此外,各处理的 N_2O 累积排放量与土壤孔隙度(WFPS)、NH_4^+-N 和 NO_3^--N 均没有相关性,但是与

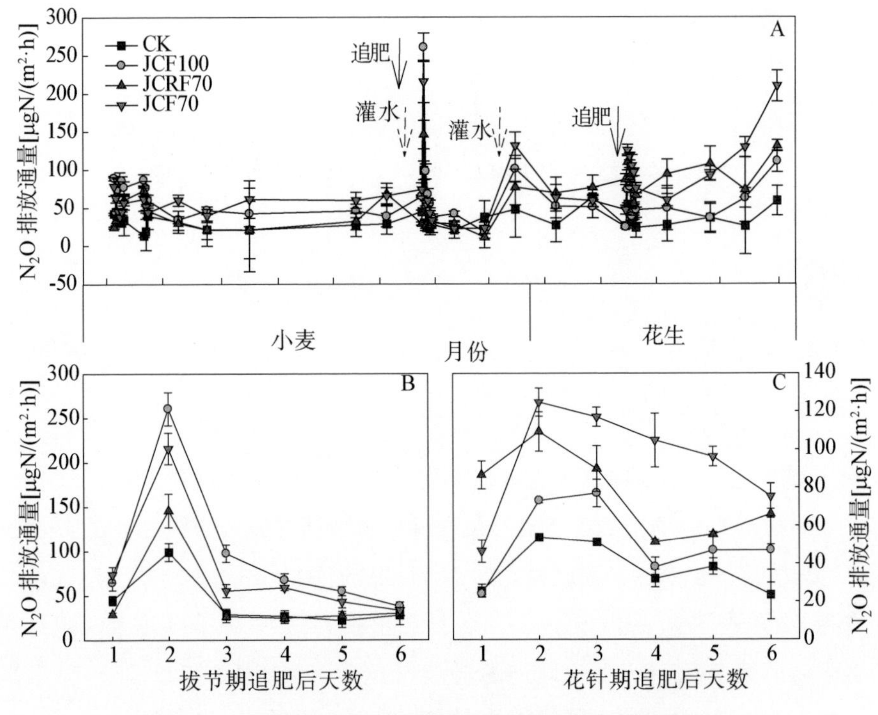

图 7-2 不同肥料运筹对 N_2O 周年排放通量的影响(刘兆新,2022)

气温呈显著负相关(表 7-1)。

表 7-1 CO_2 和 N_2O 周年排放通量与环境因素的相关性分析(刘兆新,2022)

环境因素	周年排放通量	
	CO_2	N_2O
土壤温度	0.43**	−0.40**
土壤孔隙度(WFPS)	0.55**	0.15
铵态氮含量(NH_4^+)-N	0.64**	−0.13
硝态氮含量(NO_3^-)-N	0.45*	−0.05

国内外很多学者都对分期分次施肥与 N_2O 排放通量的关系进行了研究,但并没有得到一致的结论(Zebarth 等, 2012; Liang 等, 2017; Wang 等, 2016)。在玉米-大豆轮作体系中,3 次施肥方式 N_2O 累积排放显著高于在玉米季所有肥料一次性施用(Venterea 和 Coulter, 2015),wang 等(2016)在我国中西部半干旱地区玉米种植体系研究中得出相同的结论。此外,Yan 等(2001)研究发现在降水较少的条件下,玉米种植中分次施肥对 N_2O 排放通量没有显著影响,然而,他们提出,在

正常降雨条件下，通过分时期多次施肥可以显著减少 N_2O 排放通量。相反，Burton 等(2008)的研究表明，在降雨较多的年份中，分次施肥在起垄和平种栽培方式中均减少了 N_2O 的排放。

硝化和反硝化作用是土壤中产生 N_2O 的主要过程(Zhang 等，2016)。本研究中，由于施肥和环境条件的变化，N_2O 排放通量的动态变化在小麦季和花生季存在一定差异。小麦季，由于同一时期施肥量少，JCF70 处理的 N_2O 排放峰值较 JCF100 显著降低。在总施肥量一定的情况下，与一作 2 次施肥(小麦基肥和追肥)相比较，全年氮肥两作 3 次施用(小麦基肥和追肥，花生基肥)N_2O 累积排放量增加了 7.5%。有可能是由于单次施入过多的肥料植物不能完全吸收，过量的氮促使土壤微生物活动增强，因此释放了更多的 N_2O(Ji 等，2012)。同时，降水和农田灌溉也为硝化和反硝化作用产生 N_2O 创造适宜的土壤水分条件。在小麦季 4 月中旬至 5 月下旬，由于缺少降水，N_2O 排放通量几乎没有出现峰值；在花生生长中后期，由于受频繁强降雨的影响，出现了多个 N_2O 排放峰值(7 月 13 日、8 月 23 日和 9 月 26 日)。

研究发现，施肥后降雨或者浇水会进一步增加 N_2O 排放通量(Liu 等，2011；Scheer 等，2012)。本研究也得出相同的结论，与 6 月 27 日仅灌溉而未施肥出现的 N_2O 排放峰值相比，4 月 4 日施肥后并立即进行灌水出现的 N_2O 排放峰值更高，这主要是因为灌溉和施肥后土壤中 NH_4^+-N 和 NO_3^--N 浓度急剧升高，为硝化和反硝化作用提供了足够的底物(Burton 等，2008)，导致水解和硝化速率加快(Liu 等，2003)，从而在短时间内排放出大量的 N_2O，出现排放峰值。本研究中，N_2O 排放通量与土壤温度呈负相关关系，这与 Wang 等(2016)的结果相一致。但是，也有很多研究发现 N_2O 排放通量与土壤温度呈显著正相关关系(Ding 等，2007；Allen 等，2010)。本研究中这种负相关关系可能是因为降水后 N_2O 排放通量增加，但是此时的土壤温度却因为降水而降低，所以 N_2O 排放通量与土壤温度在一段时间内会呈负相关关系。这一结果说明，在不同环境条件和农业管理方式下，土壤温度对温室气体排放的影响具有特殊性。

硝化和反硝化作用强度分别受土壤中 NH_4^+-N 和 NO_3^--N 浓度的影响(Smith 等，1998；Dobbie 和 Smith，2003)。已有研究表明，在高寒湿地环境下，只有当土壤矿质氮含量浓度大于 5 mg/kg 时，才与硝化和反硝化作用存在正相关关系(Chantigny 等，1998)。在相同施肥量的情况下，控释肥能通过外层包膜调节养分的释放时间，更好地与作物对氮素的需求相吻合，从而降低了 NO_3^--N 的大量积累，至少是施肥后暂时的急剧上升，因此控释肥可能是通过减少 NO_3^- - N 的浓度降低了反硝化作用(Shaviv 等，2001；Ji 等，2013)。

农业生产中使用控释肥已被 IPCC 确定为可能减排的重要策略。本研究中，N_2O 排放通量与 NH_4^+ - N 或者 NO_3^- - N 均不存在相关关系。这与 Zhong 等(2016)和 Ji 等(2013)的研究结果相一致，但是也有研究发现 N_2O 排放通量与 NH_4^+ - N 和 NO_3^- - N 均存在显著正相关关系(Wang 等，2016；Shi 等，2013)。这些研究表明，氮肥为产生 N_2O 提供了底物，而土壤含水量和温度等其他环境条件决定了 N_2O 的排放(Schuster 和 Conrad，1992)。因此，在下一步研究中，探讨不同土壤水分条件下 N_2O 排放与土壤 NH_4^+ - N 和 NO_3^- - N 之间的关系才更具有意义。本研究发现，在小麦季以及花生生育前期，CRF 处理的土壤 NO_3^- - N 浓度均低于 CCF 处理。但在花生生育后期，CRF 处理土壤中 NH_4^+ - N 和 NO_3^- - N 的浓度却高于 CCF 处理。Ji 等(2013)和 Peng 等(2011)也得出类似的结论。这说明控释肥释放养分的速率较慢，能延长氮素供应至花生生育后期，保障花生生育后期养分的需求。

本研究中，JCRF70 和 JCF70 处理均增加了土壤 N_2O 排放峰值，但前者的增幅小于后者。此外，与 CO_2 累积排放量规律不同，JCRF70 处理的 N_2O 累积排放量在小麦季和花生季均显著低于 JCF70，施肥措施和肥料类型对周年 N_2O 累积排放量也均具有显著影响($P<0.01$)。这表明从轮作周年来看，肥料类型是影响 N_2O 排放通量的主要因素，其中一个原因可能是 CRF 处理的 NH_4^+ - N 和 NO_3^- - N 浓度水平要低于较 CCF 处理。在拔节期和花针期施肥后，CRF 处理的 N_2O 排放通量均小于 CCF 处理，导致最后 N_2O 累积排放量降低。这些结果表明，氮肥是减少 N_2O 排放通量的关键因素，两作 3 次施肥方式同时结合使用控释复合肥可以达到降低 N_2O 排放通量同时提高产量这一目标。Zebarth 等(2012)研究同样发现，相同施肥量下，与常规肥料相比较，控释肥能够显著降低 NO_3^- - N 用于反硝化的有效性，从而减少 N_2O 的排放。

第三节
麦套花生 GWP 和 GHGI

各施肥处理的小麦籽粒产量较 CK 增加了 36.7%～54.3%（表 7-2）。尽管小麦季少施用了总量 30%的肥料，JCF70 处理的小麦产量还要高于 JCF100。JCF70 和 JCRF70 处理的小麦产量较 JCF100 分别提高了 16.7%和 19.6%，但是 JCF70 和 JCRF70 两处理间没有显著性差异。两作 3 次施肥显著增加了花生的荚果产量和籽仁产量。与 JCF100 相比较，JCF70 和 JCRF70 处理的荚果产量分别提高了 14.6%～24.8%。此外，在相同施肥量的情况下，JCRF70 处理的荚果产量较 JCF70 提高了 8.9%。

表 7-2 不同肥料运筹对小麦套种花生周年温室气体累积排放量、GWP 和 GHGI 的影响（刘兆新，2022）

生长季	处理	CO_2 累积排放量 (kg/hm^2)	N_2O 累积排放量 (kg/hm^2)	综合温室效应 (t CO_2/hm^2)	产量 (kg/hm^2)	温室气体强度 (kg CO_2-eq/hm^2)
小麦季	CK	10918 d	1.31 d	11.2 c	6400 c	1.75 b
	JCF100	16870 a	2.33 b	17.1 a	8434 b	2.03 a
	JCRF70	14872 c	1.66 c	14.8 b	9845 a	1.50 c
	JCF70	15880 b	2.52 a	16.1 a	10089 a	1.59 c
花生季	CK	16491 c	1.28 d	16.7 d	6064 d	2.76 b
	JCF100	24573 b	1.88 c	24.7 c	7445 c	3.32 a
	JCRF70	26140 a	2.89 b	26.4 b	9289 a	2.84 b
	JCF70	27700 a	3.32 a	28.1 a	8529 b	3.30 a
周年	CK	27409 c	2.59 d	27.9 c	12464 d	2.24 c
	JCF100	41443 b	4.21 c	41.8 b	15879 c	2.63 a
	JCRF70	41013 b	4.55 b	41.2 b	19134 a	2.15 c
	JCF70	43581 a	5.84 a	44.2 a	18618 b	2.37 b

（续表）

相关分析						
生长季	处理	CO_2 累积排放量（kg/hm²）	N_2O 累积排放量（kg/hm²）	综合温室效应（t CO_2/hm²）	产量（kg/hm²）	温室气体强度（kg CO_2 - eq/hm²）
温度(T)		* *	* *	*	* *	* *
肥料类型(F)		*	* *	* *	*	*
互作(T×F)		NS	*	NS	*	*

两作3次施肥方式提高了周年GWP，与JCF100相比较，JCF70处理的周年GPW提高了5.7%，但是JCRF70和JCF100两处理间没有显著性差异（表7-2）。两作3次施肥增加了温室气体排放，但由于同时提高了两种作物的产量，因此两作3次施肥降低了GHGI。各处理的GHGI为2.24～2.63 t CO_2 - eq/hm²，JCF70和JCRF70的GHGI较JCF100分别降低了9.9%和17.5%，与JCF70相比较，JCRF70处理GHGI在小麦季和花生季均显著降低。此外，由于周年产量最高，JCRF70处理的GHGI在所有处理中最低。

尽管小麦季少施用30%的肥料，两作3次施肥方式不仅提高了花生荚果产量，而且同时提高了小麦籽粒产量。之前的相关研究表明，与一作2次施肥（小麦基肥和追肥）相比较，全年氮肥两作3次施用（小麦基肥和追肥，花生基肥）提高了氮素吸收来自肥料的比例以及氮素收获指数，降低了氮素损失，从而增加了两种作物周年总产（Liu等，2018）。Peng等（2011）研究同样指出，在水稻营养生长时期，把农民习惯的施肥量减少30%并不会降低水稻产量，反而会有所增加。在小麦套种花生种植体系中，为了获得较高的小麦产量，农民传统的施肥方法是把所有的肥料都施在小麦上，这样就会导致小麦平均施氮量远远超过获得高产的最佳施氮量，而高施氮量以及不恰当的施肥时期是造成农学利用效率降低的主要原因（Ma等，2015；Li等，2011）。同时，这种不恰当的施肥方法还会引起麦收后地块肥力不足，导致花生中后期土壤中的养分缺乏，从而降低花生产量（Liu等，2019）。本研究中，两作3次施肥方式不仅能够满足小麦营养需求，还能为花生季提供养分。

在等$N-P_2O_5-K_2O$比例和等养分总量条件下，JCF70处理的小麦产量与JCRF70处理无显著性差异，但是JCRF70处理的花生荚果产量以及两种作物的周年总产较JCF70分别提高了8.9%和5.3%。此外，与JCF70处理相比较，JCRF70处理的GWP在小麦季和花生季均显著降低。因此，从长远来看，控释复合肥有望在提高作物产量的同时对环境也产生积极地影响。此外，鉴于控释肥价格要高于普通肥料，为保护环境、提高产量，同时获得较好的经济效益，减少控释肥用量或者是控释肥与普通尿素掺混使用需要进一步研究。

在整个农业生态系统中,农业生产的目标是提高作物的经济产出和农业的可持续发展,同时实现农田生态系统经济效益和环境方面的双赢(Song 等, 2013)。因此,有效的农艺措施应该能获得较高粮食产量,同时降低温室气体排放。本研究中,不同处理间的周年 GWP 和 GHGI 具有显著差异。与 JCF100 处理相比较,JCF70 处理增加了 CO_2 和 N_2O 的排放通量,最终提高了 GWP。但是,由于两作 3 次施肥处理的产量显著增加,所以 JCF70 处理的 GHGI 较 JCF100 降低。而 JCRF70 处理的 GWP 和 GHGI 较 JCF70 均显著降低,这主要是因为控释复合肥处理减少了 CO_2 和 N_2O 的排放通量,从而使 GWP 降低。此外,由于 JCRF70 处理的籽粒总产量高于 JCF70 处理,因此 JCRF70 处理的 GHGI 进一步降低。同时,JCF100 与 JCRF70 处理间的 GWP 没有显著性差异,但由于 JCRF70 处理的总产最高,所以 JCRF70 的 GHGI 在所有施肥处理中最低。这表明,随施肥次数增加带来的新增 CO_2 和 N_2O 的排放通量,可由使用控释复合肥而提高的作物产量效益抵消。因此,两作 3 次施肥并使用控释复合肥能同时获得较高的作物产量以及较低的 GWP 和 GHGI。前人研究表明,与普通尿素相比较,控释肥料也均能显著减少小麦和水稻种植体系中 CO_2 和 N_2O 的排放通量(Chi 等, 2020; Ji 等, 2013)。

大量研究表明,过量施肥是我国农业生态系统面临的一个重要问题(Huang 和 Tang, 2010; Chen 等, 2017; Liang 等, 2017; Shi 等, 2013)。因此,优化作物轮作种植系统中氮肥的投入可能是减少温室气体排放的有效策略。在双季稻种植制度下,当施氮量从 202.5 kg/hm^2 降至 150 kg/hm^2 时,籽粒总产量增加了 6.7%～13.9%,同时温室气体排放量也显著降低(Liang 等, 2017)。Shi 等(2013)研究发现,适当减少冬小麦-夏玉米轮作系统中周年肥料施用量,在取得经济和环境效益的同时并没有明显降低产量。本研究中,两作 3 次施肥方式由于减少了小麦季的施肥量而使小麦季 GHG 显著降低。Ji 等(2012)和 Liu 等(2015)研究同样发现,适当降低 20%的总施肥量和改变肥料的基、追比例,可以提高产量并减少温室气体排放。我们之前的研究也表明,与 JCF100 处理相比较,JCF70 处理显著降低了氮素的损失,是一种环境友好型施肥方法(Liu 等, 2018)。目前的研究已经证实,CRF 可以减少周年 GWP。然而,由于缺乏设计不同的肥料梯度,尚不能确定施肥量和 N_2O 排放通量之间的明确关系。

从 GWP 和 GHGI 的构成因素来看,CRF 处理在减少了温室气体排放的同时,增加了籽粒产量,是导致 GHGI 相对较低的原因。Chi 等(2020)和 Shi 等(2013)在小麦-玉米周年轮作种植体系中得出相似的结论。他们研究发现,适当降低氮肥施用量和使用控释氮肥是一种很有效的肥料管理措施，在我国华北平原可以同时实现保持粮食产量和减少温室气体排放这两个目标。当氮肥以尿素的形式施用，尤其是一次性施用过量氮肥时，水解和硝化的速度很快。而我国华北平原夏花生和玉米在6—9月又处于营养生长的关键期，这期间频繁的降水和高温也加速了硝化和反硝化的进程。本研究表明，在整个轮作周期中，CRF处理通过调节土壤氮素的含量而有效地控制了温室气体排放。这是因为控释肥料有聚合物膜包裹，在分解过程中能有效调控氮素的释放(Liang等，2006)。

参考文献

Allen D E, Kingston G, Rennenberg H, et al. 2010. Effect of nitrogen fertilizer management and waterlogging on nitrous oxide emission from subtropical sugarcane soils. *Agriculture Ecosystems & Environment*, 136:209-217.

Ai C, Liang G Q, Sun J W, et al. 2012. Responses of extracellular enzyme activities and microbial community in both the rhizosphere and bulk soil to long-term fertilization practices in a fluvo-aquic soil. *Geoderma*, 173:330-338.

Burton D L, Zebarth B J, Gillam K M, et al. 2008. Effect of split application of fertilizer nitrogen on N_2O emissions from potatoes. *Canadian Journal of Soil Science*, 88:229-239.

Buragienė S, Šarauskis E, Romaneckas K, et al. 2019. Relationship between CO_2 emissions and soil properties of differently tilled soils. *Science of the Total Environment*, 662:786-795.

Bicharanloo B, Shirvan M B, Keitel C, et al. 2020. Rhizodeposition mediates the effect of nitrogen and phosphorous availability on microbial carbon use efficiency and turnover rate. *Soil Biology & Biochemistry*, 107705.

Bird J A, Herman D J, Firestone M K. 2011. Rhizosphere priming of soil organic matter by bacterial groups in a grassland soil. *Soil Biology & Biochemistry*, 43:718-725.

Brar B S, Singh K, Dheri G S, et al. 2013. Carbon sequestration and soil carbon pools in a rice-wheat cropping system: effect of long-term use of inorganic fertilizers and organic manure. *Soil and Tillage Research*, 128:30-36.

Chi Y B, Yang P L, Ren S M, et al. 2020. Effects of fertilizer types and water quality on carbon dioxide emissions from soil in wheat-maize rotations. *Science of The Total Environment*, 698:134010.

Chantigny M H, Prevost D, Angers D A, et al. 1998. Nitrous oxide production in soils cropped to corn with varying N fertilization. *Canadian Journal of Soil Science*, 78:589 - 596.

Chen G R, Wang L M, Yang R P, et al. 2017. Effect of Balanced Fertilizer Application on Crop Yield in Potato-Soybean Relay-Cropping System. *Acta Agronomica Sinica,* 43:596 - 607.

Ding W X, Cai Y, Cai Z C, et al. 2007. Nitrous oxide emissions from an intensively cultivated maize-wheat rotation soil in the North China Plain. *Science of The Total Environment,* 373:501 - 511.

Dossou-Yovo E R, Brüggemann N, Jesse N, et al. 2016. Reducing soil CO_2 emission and improving upland rice yield with no-tillage, straw mulch and nitrogen fertilization in northern Benin. *Soil and Tillage Research,* 156:44 - 53.

Dobbie K E, Smith K A. 2003. Nitrous oxide emission factors for agricultural soils in Great Britain: the impact of soil water filled pore space and other controlling variables. *Global Change Biology*, 9:204 - 218.

Du Y D, Niu W Q, Zhang Q, et al. 2018. Effects of nitrogen on soil microbial abundance, enzyme activity, and nitrogen use efficiency in greenhouse celery under aerated irrigation. *Soil Science Society of America Journal*, 82:606 - 613.

Fan J, Wang J, Zhao B, et al. 2015. Effects of manipulated above- and below-ground organic matter input on soil respiration in a Chinese pine plantation. *PLoS One*, 10 (5), e0126337.

Gong J R, Wang Y H, Liu M, et al. 2014. Effects of land use on soil respiration in the temperate steppe of Inner Mongolia, China. *Soil and Tillage Research*, 144:20 - 31.

Huang Y, Tang Y H. 2010. An estimate of greenhouse gas (N_2O and CO_2) mitigation potential under various scenarios of nitrogen use efficiency in Chinese croplands. *Global Change Biology*, 16:2958 - 2970.

Heimann M. 2011. Enigma of the recent methane budget. *Nature*, 476(7359):157 - 158.

Iqbal J, Hu R, Lin S, Hatano R, Feng M, Lu L, Ahamadou B, Du L. 2009. CO_2 emission in a subtropical red paddy soil (Ultisol) as affected by straw and N-fertilizer applications: a case study in southern China. *Agriculture Ecosystems & Environment,* 131:292 - 302.

IPCC, 2013. Climate change 2013 the physical science basis. Summary for policymakers. Climate Change 2013: The Physical Science Basis. Contribution of Working Group I to the Fifth Assessment Report of the Intergovernmental Panel on Climate Change. Cambridge University Press, Cambridge, United Kingdom and New York, NY, USA.

IPCC, 2007. In: Metz, B., Davidson, O. R., Bosch, P. R., Dave, R., Meyer, L. A. (Eds.), Climate Change 2007: Mitigation. Contribution of Working Group III to the Fourth Assessment Report of the Intergovernmental Panel on Climate Change. Cambridge University Press, Cambridge, United Kingdom and New York, NY, USA.

Ji Y, Liu G, Ma J, et al. 2012. Effect of controlled-release fertilizer on nitrous oxide emission from a winter wheat field. *Nutrient cycling in agroecosystems*, 94:111 - 122.

Ji Y, Liu G, Ma J, et al. 2013. Effect of controlled-release fertilizer on mitigation of N_2O emission from paddy field in South China: a multi-year field observation. *Plant and soil*, 371:473 - 486.

Liu Z X, Gao F, Yang J Q, et al. 2019. Photosynthetic Characteristics and Uptake and Translocation of Nitrogen in Peanut in a Wheat-Peanut Rotation System Under Different Fertilizer Management Regimes. *Frontiers in Plant Science*, 10:86.

Liu Z X, Gao F, Liu Y, et al. 2018. Timing and splitting of nitrogen fertilizer supply to increase crop yield and efficiency of nitrogen utilization in a wheat-peanut relay intercropping system in China. *Crop Journal*, 7:101 - 112.

Lu M, Zhou X H, Luo Y Q, et al. 2011. Minor stimulation of soil carbon storage by nitrogen addition: A meta-analysis. *Agriculture, Ecosystems & Environment*, 140:234 - 244.

Li R Q, Li Y M, He J X, et al. 2011. Effect of N application rate on N utilization and grain yield of winter wheat. *Journal of Triticeae Crops*, 31:271 - 275.

Liang K M, Zhong X H, Huang N G, et al. 2017. Nitrogen losses and greenhouse gas emissions under different N and water management in a subtropical double-season rice cropping system. *Science of the Total Environment*, 609:46 - 57.

Liu C Y, Wang K, Meng S X, et al. 2011. Effects of irrigation, fertilization and crop straw management on nitrous oxide and nitric oxide emissions from a wheat-maize rotation field in northern China. *Agriculture, Ecosystems & Environment*, 140:226 - 233.

Liu Y L, Zhou Z Q, Zhang X X, et al. 2015. Net global warming potential and greenhouse gas intensity from the double rice system with integrated soil-crop system management: A three-year field study. *Atmospheric Environment*, 116:92 - 101.

Liang R, Liu M Z. 2006. Preparation and properties of a double-coated slow-release and water-retention urea fertilizer. *Journal of agricultural and food chemistry*, 54:1392 - 1398.

Ma S Y, Liu Y N, Wang Y Q, et al. 2015. Study on the characters of living condition and nutrient balance of high-yield wheat and maize rotation system in Hebei province. *Journal of Agriculture University of Hebei*, 38:8 - 13.

Melillo J M. 2002. Soil Warming and Carbon-Cycle Feedbacks to the Climate System. *Science*, 298(5601):2173 - 2176.

Myhre M, Barford C. 2013. Farm-level feasibility of bioenergy depends on variations across multiple sectors. *Environmental Research Letters*, 8(01):015005.

Peng S Z, Hou H J, Xu J Z, et al. 2011. Nitrous oxide emissions from paddy fields under different water managements in southeast China. *Paddy and Water Environment*, 9:403 - 411.

Rustad L E, Campbell J L, Marion G M, et al. 2001. A meta-analysis of the response of soil respiration, net nitrogen mineralization, and above ground plant growth to experimental ecosystem warming. *Oecologia*, 126:543 - 562.

Ravishankara A R, Daniel J S, Portmann R W. 2009. Nitrous Oxide: The Dominant Ozone-Depleting Substance Emitted in the 21st Century. *Science*, 326(5949):123 - 125.

Smith K A, Thomson P E, Clayton H, et al. 1998. Effect of temperature, water content and nitrogen fertilization on emissions of nitrous oxide by soils. *Atmospheric Environment*, 32:3301 - 3309.

Shaviv A. 2001. Advances in controlled-release fertilizers. *Advances in Agronomy*, 71:1 - 49.

Scheer C, Grace P R, Rowlings D W, et al. 2012. Nitrous oxide emissions from irrigated wheat in Australia: impact of irrigation management. *Plant and Soil*, 359:351 - 362.

Shi Y, Wu W, Meng F, et al. 2013. Integrated management practices significantly affect N_2O emissions and wheat-maize production at field scale in the North China Plain. *Nutrient cycling in agroecosystems*, 95:203 - 218.

Schuster M, Conrad R. 1992. Metabolism of nitric oxide and nitrous oxide during nitrification and denitrification in soil at different incubation conditions. *FEMS Microbiology Ecology*, 101:133 - 143.

Song L, Zhang Y, Hu C, et al. 2013. Comprehensive analysis of emissions and global warming effects of greenhouse gases in winter wheat fields in the high-yield agro-region of North China Plain. *Chinese Journal of Eco-Agriculture*, 21:297 - 307.

Schlesinger W H, Andrews J W. 2000. Soil respiration and the global carbon cycle. *Biogeochemistry*, 48:7 - 20.

Venterea R T, Coulter J A. 2015. Split application of urea does not decrease and may increase nitrous oxide emissions in rainfed corn. *Agronomy Journal*, 107:337－348.

Vermeulen S J, Aggarwal P K, Ainslie A, et al. 2012. Options for support to agriculture and food security under climate change. *Environmental Science & Policy*, 15(1):136－144.

Wang S J, Luo S S, Yue S C, et al. 2016. Fate of ^{15}N fertilizer under different nitrogen split applications to plastic mulched maize in semiarid farmland. Nutrient cycling in *agroecosystems*, 105:129－140.

Ward D, Kirkman K, Hagenah N, et al. 2017. Soil respiration declines with increasing nitrogen fertilization and is not related to productivity in long-term grassland experiments. *Soil Biology & Biochemistry*, 115:415－422.

Wang S J, Luo S S, Li X S, et al. 2016. Effect of split application of nitrogen on nitrous oxide emissions from plastic mulching maize in the semiarid Loess Plateau. Agriculture, Ecosystems & Environment, 220:21－27.

Wang Y Y, Hu C S, Ming H, et al. 2013. Concentration profiles of CH_4, CO_2 and N_2O in soils of a wheat-maize rotation ecosystem in North China Plain, measured weekly over a whole year. Agriculture, *Ecosystems & Environment*, 164:260－272.

Yan X, Hosen Y, Yagi K. 2001. Nitrous oxide and nitric oxide emissions from maize field plots as affected by N fertilizer type and application method. *Biology and Fertility of Soils*, 34:297－303.

Zou J L, Tobin B, Luo Y Q, et al. 2018. Differential responses of soil CO_2 and N_2O fluxes to experimental warming. *Agricultural and Forest Meteorology*, 259:11－22.

Zebarth B J, Snowdon E, Burton D L, et al. 2012. Controlled release fertilizer product effects on potato crop response and nitrous oxide emissions under rain-fed production on a medium-textured soil. *Canadian Journal of Soil Science*, 92:759－769.

Zhong Y M, Wang X P, Yang J P, et al. 2016. Exploring a suitable nitrogen fertilizer rate to reduce greenhouse gas emissions and ensure rice yields in paddy fields. *Science of the Total Environment*, 565:420－426.

Zhang X X, Xu X, Liu Y L, et al. 2016. Global warming potential and greenhouse gas intensity in rice agriculture driven by high yields and nitrogen use efficiency. *Biogeosciences*, 13:2701－2714.

陈书涛,黄耀,郑循华,等. 2015. 轮作制度对农田氧化亚氮排放的影响及驱动因子. 中国农业科学,38(10):2053－2060.

韩志卿,张电学,陈洪斌,等. 2004. 长期施肥对褐土有机无机复合性状演变及其与肥力关系的影响. 土壤通报. 35(6):720－723.

江长胜,王跃思,郑循华,等.2005.川中丘陵区冬灌田甲烷和氧化亚氮排放研究.应用生态学报,16(3):539-544.

商庆银.2012.长期不同施肥制度下双季稻田土壤肥力与温室气体排放规律的研究.南京:南京农业大学博士论文.

万书波.2003.中国花生栽培学.上海:上海科学技术出版社.

熊正琴,邢光熹,鹤田治雄,等.2003.豆科绿肥和化肥氮对双季稻田氧化亚氮排放贡献的研究.土壤学报,40(5):704-710.

张志栋,刘景辉,王永强,等.2010.施肥对旱作免耕土壤酶活性与 CO_2 排放量的影响.干旱地区农业研究,28(5):85-91.

第八章

麦套花生关键配套技术与技术体系建立

第一节
麦套花生最佳播期研究

麦田套种花生较夏播花生播期提前，可延长生育期、改善热量条件，是有利的方面；但与小麦存在共生期，共生期长短对花生生长发育影响较大（郭峰等，2009）。套种过早，温度较低，导致花生出苗时间延长且出苗不整齐；且受小麦遮光影响造成植株弱、根系发育差，形成“高脚苗”现象；套种过晚，致使花生生育后期气温较低，荚果发育时间较短，影响荚果饱满充实度，降低花生产量，同时后期光照和温度条件较差，不利于花生晾晒和干燥（李大勇，2013；季春梅等，2013；王廷利等，2014）。因此，麦套花生的播期是一个重要生产因素。通过调节播种期，花生生长关键期减少环境造成的不良影响，使花生的发育进程与自然气候相吻合，满足花生全生育期内对温、光资源的需求，对指导麦套花生生产具有一定理论和实践指导意义。

试验于2016—2017年在山东农业大学农学试验站进行，供试小麦品种为济麦22，2016年10月7日播种，2017年6月7日收获。供试花生品种为山花108，属中间型大花生，由山东农业大学花生课题组提供。播种前对种子进行精挑细选，保证种子纯度。该区属温带季风气候，年平均气温为14.6℃，年降水量为634.8 mm。本年度花生生育期平均气温为23.2℃，月平均气温最高出现在7月份，为28.1℃；降水量为532.5 mm，主要集中在7月份，为271.3 mm，占全生育期的50.9%。

试验共设6个播期处理，其中麦套花生4个播期，以夏直播和夏直播覆膜栽培作对照。采用随机区组设计，重复3次。小区面积为$20\times1.8=36\ m^2$。花生种植密度1.8×10^5株/hm^2。施花生专用复合肥（$N-P_2O_5-K_2O$：15－15－10）750 kg/hm^2。田间管理同一般花生高产田。

表 8-1 试验设计

处理	播期（月/日）	种植方式	行距（cm）	穴距（cm）	收获（月/日）	备注
WPA1	5/15	麦套	27	20	9/19	冬小麦 10 月 7 日播种，6 月 7 日收获。小麦行间套种
WPA2	5/20		27	20	9/21	
WPA3	5/25		27	20	9/23	
WPA4	5/30		27	20	9/27	
SPTC	6/11	夏直播	27	20	9/27	收麦后留茬直播
SPFM	6/13	夏播覆膜	27	20	9/27	收麦后翻耕平种覆膜

一、播期对麦油两熟制花生物候期和农艺性状的影响

(一) 生育进程

由表 8-2 可以看出，不同播期处理对花生生育进程影响显著。最晚播期处理（SPFM）较最早播期处理（WPA1）播种期推迟 29 d，但全生育期天数比最早播期处理（WPA1）仅缩短 21 d，表明随播期的推迟，花生生育进程逐渐加快。播期对花生生育进程的影响体现在各生育时期，麦套花生出苗期、苗期持续天数较 SPTC 和 SPFM 处理显著增加，其中 WPA1 持续天数最长，为 19 d 和 27 d，而 SPFM 处理持续天数为 9 d 和 19 d，两者分别相差 10 d 和 8 d；进入花针期以后，不同播期处理间各生育时期天数无显著差异。以上说明，麦套花生生育前期尤其是出苗期至苗期受小麦遮阴影响，延长了生育进程，且共生期越长出苗所需时间越长；夏播花生 SPTC 与 SPFM 处理前期光、温条件适宜，出苗期至花针期所需时间较麦套花生缩短了 10～19 d，相较于麦套花生具有生育优势。

表 8-2 播期对花生生育进程的影响

处理	播期（月/日）	出苗率（%）	历经天数(d)					
			出苗期	苗期	花针期	结荚期	饱果成熟期	全生育期
WPA1	5/15	87.00 c	19	27	18	36	27	127
WPA2	5/20	88.00 c	16	26	19	37	26	124
WPA3	5/25	94.33 a	12	25	18	38	28	121
WPA4	5/30	92.33 b	12	24	18	36	30	120

(续表)

处理	播期(月/日)	出苗率(%)	历经天数(d)					
			出苗期	苗期	花针期	结荚期	饱果成熟期	全生育期
SPTC	6/11	88.67 bc	11	18	16	40	23	108
SPFM	6/13	91.00 b	9	19	15	38	25	106

注:同一列标以不同小写字母表示5%水平差异显著性。下同。

不同播期处理对花生出苗率也有显著影响,各处理间出苗率均达到85%以上,以WPA3处理出苗率最高,WPA1处理最低。与SPTC处理相比,WPA3与WPA4处理的出苗率提高3.7%~6.4%,差异显著;WPA1和WPA2处理的出苗率显著低于SPTC处理,分析原因可能是由于花生套种过早,与小麦共生期延长,受小麦影响导致行间通风透光不良、温度过低、种子发芽出苗所需时间长,有苗期晚发特点。SPFM处理出苗率与SPTC处理相比,提高了2.33%,表明覆膜栽培具有保温保墒的作用,从而提高花生出苗率。

(二)有效积温

在不同播期中,随着花生生育进程不同,对温、光资源的利用表现出显著差异(表8-3)。随播期推迟,花生全生育期内有效积温逐渐减少,从各生育期看,出苗期至苗期早播(WPA1)与晚播(SPFM)有效积温相差136℃,说明早播受小麦影响大,延迟麦套花生出苗速度和苗期植株的生长发育进程;花针期后差距逐渐减小,麦套花生较夏播花生增加45.8~65.8℃;在产量形成期,WPA3处理的有效积温均高于其他处理,按播期顺序分别增加18.9℃、29.9℃、35.3℃、71.2℃和71.4℃。以上说明,适期套种花生生育后期能获得较高的有效积温积累量,利于荚果发育成熟。

表8-3 播期对花生各生育时期内有效积温的影响

处理	>10℃有效积温(℃)						
	出苗期	苗期	花针期	结荚期	饱果成熟期	全生育期	产量形成期
WPA1	294.0	395.4	329.0	640.3	348.6	2007.3	988.9
WPA2	251.7	388.6	348.8	651.7	326.2	1967.0	977.9
WPA3	191.4	382.3	328.8	631.7	376.1	1910.4	1007.8
WPA4	177.3	394.2	334.5	618.8	353.7	1878.4	972.5
SPTC	185.3	311.7	302.9	639.0	297.6	1736.5	936.6
SPFM	158.0	331.6	283.0	614.9	321.5	1709.0	936.4

(三) 降水量

苗期是花生最耐旱的时期，轻度干旱利于根系下扎，根冠比增大，而水分过高易造成植株徒长；花针期为花生水分临界期，正值花生营养生长旺盛时期，水分不足严重影响花生开花数及成针率，延迟果针入土，也会延迟荚果形成；结荚期是花生一生中耗水量最盛时期，缺水会影响荚果发育，水分过多土壤通透性差，易形成秕果而造成减产。

不同播期处理各生育期的降水情况如表 8-4 所示。不同播期处理的麦套花生降水量在出苗期和苗期比夏播花生(SPFM 和 SPTC)减少 1.7～22.1 mm，但 WPA4 苗期降水量比夏播花生多 6.5 mm；花针期比夏播花生降水量多 25.2～41.8 mm；产量形成期(结荚期和饱果成熟期)多 67～121.2 mm。在结荚期 WPA1 播期处理降水量达 236 mm，造成早期荚果发育不良，秕果数增加。夏播花生 SPTC 与 SPFM 苗期降水过多、花针期和结荚期降水较少，不利于开花下针，导致减产。处理 WPA3 和 WPA2 降水量分布较为合理，苗期少雨利于蹲苗，花针期和结荚期降水较多利于果针入土，饱果成熟期少雨能促进荚果发育充实，为产量奠定基础。

表 8-4 播期对花生各生育时期内降水量的影响

处理	降水量(mm)						
	出苗期	苗期	花针期	结荚期	饱果成熟期	全生育期	产量形成期
WPA1	23.3	49.5	133.5	236.2	32.2	474.7	268.4
WPA2	23.8	49.0	150.1	182.0	32.2	437.1	214.2
WPA3	13.4	39.8	150.1	182.0	32.2	417.5	214.2
WPA4	31.5	30.9	150.1	184.1	30.1	426.7	214.2
SPTC	25.0	53.0	108.3	135.8	11.4	333.5	147.2
SPFM	24.8	53.0	108.3	135.8	11.4	333.3	147.2

(四) 日照时数

随播期推迟，不同播期处理花生全生育期内日照时数逐渐减少。由表 8-5 可以看出，麦套花生出苗期至花针期生育期延长，日照时数增加，显著高于夏播花生；结荚期和饱果成熟期以 WPA3 日照时数最高，与夏播花生相比多 40 h。从全生育期看，夏播花生生育期总日照时数显著低于麦套花生，营养生长受到一定的抑制，造成开花量减少、产量下降；麦套花生苗期受小麦遮阴影响日照时数增加，但产量形成期较高的日照时数利于荚果发育成熟，提高饱果率，其中以 WPA3 处理产量最高。

表 8-5　播期对花生各生育时期内日照时数的影响

处理	日照时数(h)						
	出苗期	苗期	花针期	结荚期	饱果成熟期	全生育期	产量形成期
WPA1	198.5	205.5	106.7	216.1	152.2	879.0	368.3
WPA2	152.9	194.0	113.0	210.3	163.2	833.4	373.5
WPA3	103.7	194.0	108.0	220.8	178.6	805.1	399.4
WPA4	81.1	185.4	113.9	175.2	184.6	740.2	359.8
SPTC	89.0	124.0	100.8	205.1	154.3	673.2	359.4
SPFM	72.1	136.3	88.5	199.8	159.6	656.3	359.4

(五) 花生全生育期天数与气象因子的通径分析

为了明确主要气象因子对花生全生育期天数的作用大小和作用方式，将>10℃积温、降水量和日照时数与花生全生育期天数作通径分析，结果看出，生育期内各气象因子对花生生育期天数的影响存在相互制约。由表 8-6 可知，在不同播期处理下，>10℃积温、降水量和日照时数对花生全生育天数影响达极显著水平，其中>10℃积温的直接正效应最大，降水量次之，日照时数的直接正效应较弱。

表 8-6　通径分析

气象因子	相关系数	直接效应	>10℃积温(℃)	降水量(mm)	日照时数(h)	总和
>10℃积温(℃)	0.994**	0.5550		0.3752	0.0637	0.4389
降水量(mm)	0.989**	0.3831	0.5436		0.0622	0.6058
日照时数(h)	0.963**	0.0660	0.5359	0.3613		0.8972
决定系数=0.99414　剩余通径系数=0.07656						

麦田套种花生生育期介于春花生与夏直播花生之间，播期不同，与小麦共生期长短不同。花生生长发育进程受播期影响，本质上是通过气象因子起作用。多人研究发现，麦套花生有效花期、产量形成期和饱果期均长于夏直播花生，主要原因是由于遮光、近地层气温比露地降低 2～5℃，造成出苗慢、始花晚等。刘明(2009)研究表明，延迟播期后，玉米全生育期天数缩短，其中播种至拔节期缩短幅度最大，5 月 15 日播期处理春玉米生育期天数相比 4 月 24 日播种的缩短 14.3%，分析温度是该生育阶段缩短的主要原因。王昭静等(2013)研究指出，播期对花生前期和中期发育进程有极显著或显著影响，而对生育后期影响较小；花生出苗期主要受气温和积温影响，其次是日照时数和降水量，这与本研究结果相同。

本研究结果表明,随播期推迟,全生育期天数逐渐缩短,各生育阶段均加快,具体表现在出苗期至苗期天数明显减少,而花针期至成熟期无显著影响。气象因子中,>10 ℃积温、日照时数和降水量随播期推迟呈逐渐下降趋势,而产量形成期(结荚期至成熟期)日照时数和>10 ℃积温随播期推迟呈先上升后降低趋势,WPA3处理达最大值。以上表明,适期播种花生各生育期内气象条件适宜,利于花生出苗及生长发育,且花生生育后期较高的积温和日照时数利于花生成熟;过早播种(WPA1),与小麦共生期延长,播种至出苗期所需天数增加,植株营养生长受抑制,表现为主茎细长、根系弱,易形成"高脚苗"现象,不利于蹲苗;过晚播种(SPFM与SPTC),花生苗期降水过多,而花针期与结荚期(需水关键期)降水过少,影响花生营养生长,至生育后期气温逐渐降低、产量形成期缩短不利于荚果饱满充实。

(六)植株性状

主茎高与侧枝长是花生植株性状的重要指标,也是内部生理生化水平的最直观表现。从图8-1中看出,麦套花生的营养生长集中在结荚期之前,花生出苗后迅速增长,结荚期增长速率达到最高,之后增长缓慢。

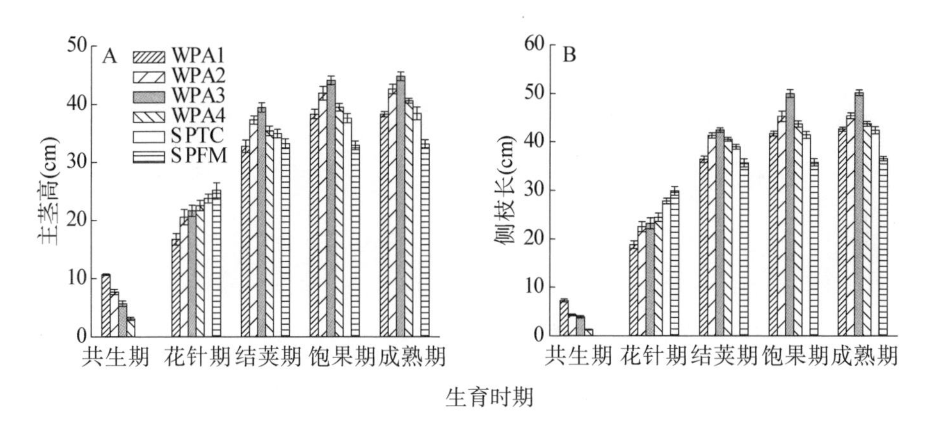

图8-1 播期对花生主茎高和侧枝长的影响

花生各生育期内不同播期间的主茎高和侧枝长差异显著。小麦-花生共生期麦套花生主茎高与侧枝长随播期推迟而降低,WPA1处理的主茎高超过10 cm,这是受小麦遮光造成的"高脚苗"现象;花针期麦套花生增长速率低于SPTC处理,原因可能是麦收后花生突然曝光需适应一段时间缓苗的缘故;花针期后,花生进入迅速生长期,随播期推迟,主茎高与侧枝长呈先升高后降低趋势,各处理间以WPA3处理最高;饱果期主茎高和侧枝长分别为44.1 cm和50 cm,按播期顺序,主茎高较其他处理高 15.1%、5.3%、11.6%、17.3% 和 34%，侧枝长 19.9%、10.4%、14.5%、20.7%和 39.6%。SPFM 处理由于播期过晚，生育进程加快，明显抑制了营养生长，主茎高和侧枝长处于最低水平。

主茎高与侧枝长是花生最易于观测的形态指标，能直观反映花生形态发育状况与内部的生理生化水平。小麦套作花生，在花生出苗期会受小麦遮阴影响。何平等(1993)研究表明，不同遮阴程度对植株的形态特征影响显著，同时干物质分配情况也发生改变。张利民等(2017)研究表明，夏直播花生主茎高和侧枝长随播期推迟呈逐渐下降趋势，晚播可明显抑制花生营养生长，造成生长发育不足而限制产量。秦兴国(2010)研究指出，生育前期麦套花生的生长速率低于夏直播花生，苗期麦套花生主茎高度较夏直播花生短 9.34 cm；而成熟期主茎高与侧枝长均高于夏直播花生。程增书研究表明，与夏直播花生相比，麦套花生植株高大、单株结果数多、单株生产力高，产量明显高于夏直播花生。本试验结果表明，小麦与花生共生期长短对花生植株性状影响显著，共生期越长，主茎高与侧枝长越长，且随播期延迟而逐渐缩短。WPA1 处理与小麦共生期达 23 天，主茎高为 10 cm，显著高于正常花生苗期高度(6～8 cm)，造成花生“高脚苗”现象；花针期之后，麦套花生进入快速生长期，在植株性状上略优于夏播花生，具体表现为随播期推迟呈先升高后降低趋势，以 WPA3 处理植株性状最优。过晚播种，花生植株发育矮小，这与前人研究结果一致。

(七) 叶面积系数

从图 8-2 中可以看出，各处理叶面积指数(LAI)均随生育进程逐渐上升，到饱果期达最大值，之后迅速下降。除花针期外，不同时期各处理间差异显著。WPA3 播期 LAI 自花针期后增长较快，峰值达 5.7，与 SPTC 相比增加 46.8%，且高于其他处理，达极显著水平；后期下降缓慢至成熟期仍显著高于其他播期。SPTC 由于播种晚，营养生长缓慢，各生育期内 LAI 均处于较低水平，后期下降速度快，不利于干物质积累。

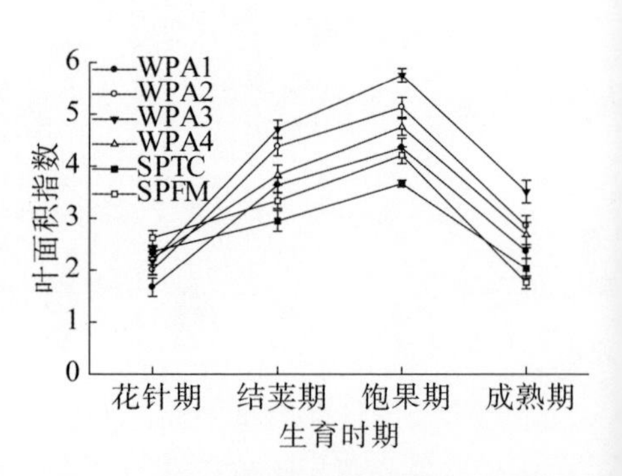

图 8-2 播期对花生叶面积指数(LAI)的影响

叶面积指数作为群体结构的重要标志，既衡量群体光合面积的大小，又反映出冠层结构是否合理(王夏等，2011)。合理的冠层结构能增加光合有效辐射的截获与吸收，从而提高作物的光合特性。在一定范围内，叶面积指数越大，光合产物积累越多,产量越高。多人研究认为,生育前期拥有足够的叶源量,才能提高光能利用效率,增加光合产物积累,形成较大的潜在产量源。王夏等(2011)研究表明,不同播期处理的小麦叶面积指数随播期推迟呈逐渐下降趋势,从孕穗到灌浆期 B4、B5 晚播处理 LAI 下降幅度低于 B1、B2,表明适当晚播可减少无效叶面积,且随生育期推进,不同播期处理的 LAI 差异逐渐缩小。与前人研究结果相同,本试验研究表明,各播期处理的花生 LAI 差异显著,均在饱果期达峰值。其中,WPA3 处理叶面积发展动态合理,LAI 最高达 5.7,同时叶片光合性能较高,表现出高效冠层特征,至生育后期仍维持较高的 LAI,可延长叶片发挥较高光合性能的持续时间,促进光合产物积累;而 WPA1 过早套种,LAI 在整个生育期均处于较低水平,不易于良好群体结构建成。

(八) 干物质积累量

花生干物质积累量是花生生长发育动态的直观反映,也是产量形成的物质基础。总体来看,各处理干物质积累动态符合典型的“S”形生长曲线,均呈“慢-快-慢”的变化趋势(图 8-3)。

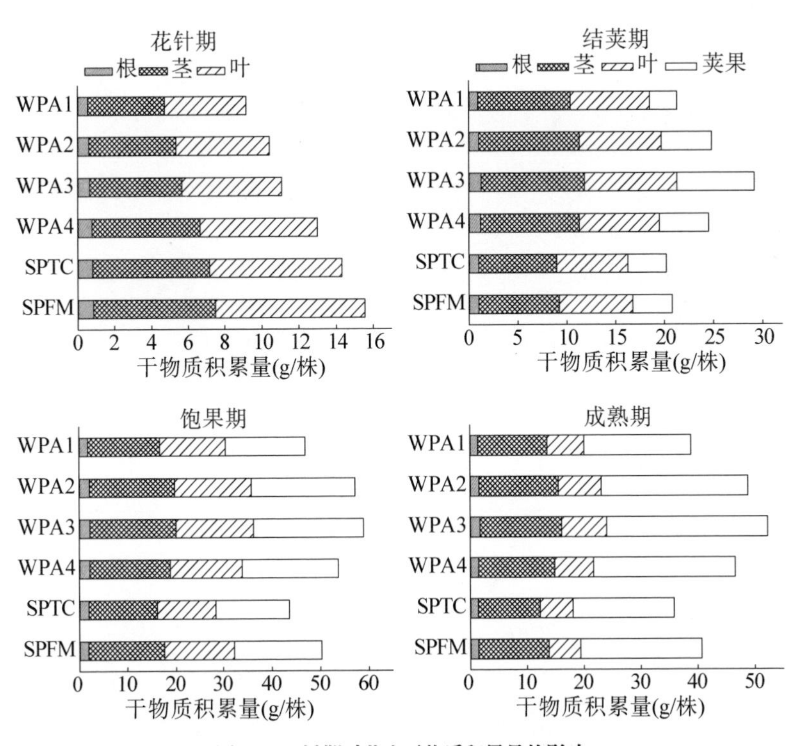

图 8-3 播期对花生干物质积累量的影响

从图 8-3 可以看出，不同播期对花生各生育时期各器官干物质积累量有显著影响。花针期干物质积累总量随播期推迟逐渐增加，播种过早，花生生长缓慢，干物质积累总量低于 SPTC 夏播处理；结荚期，干物质积累量迅速增加，其中 WPA2、WPA3 增幅最为明显，显著高于其他播期；饱果期，各播期干物质积累量显著增加，接近最大值，其中 WPA2 和 WPA3 处理达 58 g/株，相比其他处理提高了 8.0%～31.8%。晚播处理 SPTC 和 SPFM，由于生育进程加快提高了单株干物质积累量进度，但后期出现早衰，不利于干物质积累；适期播种的麦套花生在生育后期仍保持较高水平，表明适期播种能延长生育期，获得较高的干物质积累量，为花生高产奠定理论基础。

（九）干物质分配率

由图 8-4 看出，播期对花生各生育时期各器官干物质分配率影响较小，分配规律基本一致。花针期表现为叶＞茎＞根，结荚期表现为茎＞叶＞果＞根，饱果期和成熟期均表现为果＞茎＞叶＞根，说明生育前期花生营养器官生长较快，能产生较高的干物质积累量为花生后期生长奠定基础；生长发育中期，营养器官分配比例

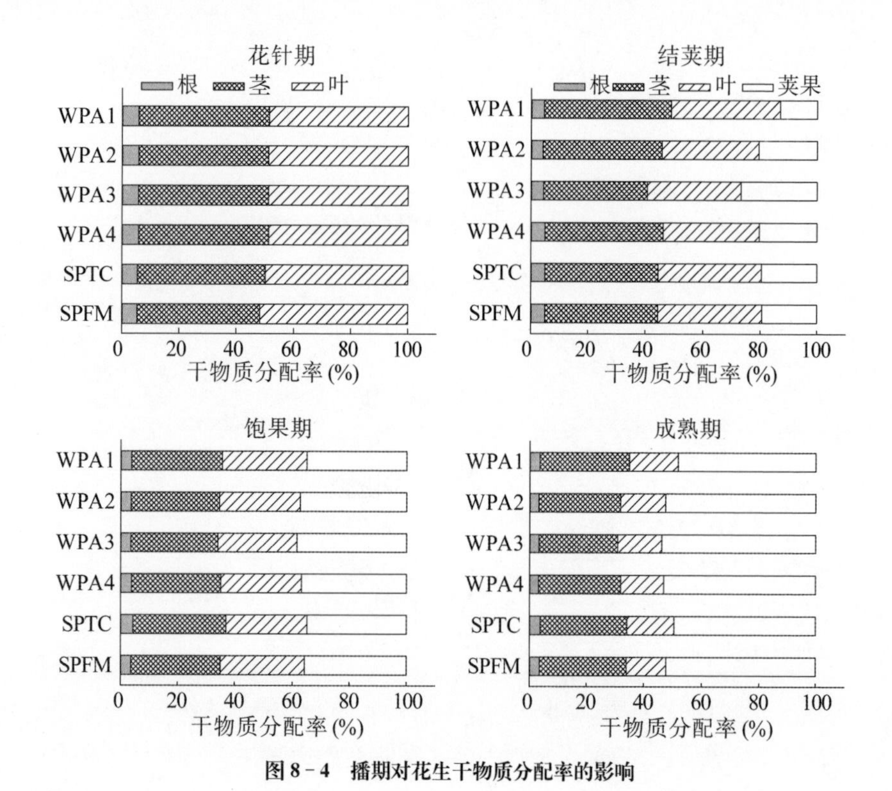

图 8-4 播期对花生干物质分配率的影响

较大，有利于干物质转运；饱果期，营养器官根、茎、叶的分配比例均降低，荚果占比逐渐升高；成熟期荚果分配率达到最大，平均为48%～54%，不同播期荚果分配率大小表现为WPA3>WPA4>WPA2>SPFM>SPTC>WPA1。以上表明，WPA3播期处理更有利于干物质向荚果转运，利于荚果充实饱满，为提高荚果产量奠定基础。

作物产量的高低是由干物质积累决定的，较高的干物质积累量是获得高产的物质基础(谢天保等，2005)。郭峰等(2008)研究表明，麦套花生的干物质积累动态"S"形生长曲线，可用Logistic方程 $y=K/(1+ae^{bx})$ 拟合，前期缓慢增长，麦收后迅速增加。于旸研究表明，在花生荚果发育前主要是营养器官的积累，茎和叶的干物质积累量占植株干重的85%以上；到荚果发育中后期，荚果占比达到42%以上，其中5月10日播期处理的荚果占比最高达到55%，过早或过晚播种都会降低荚果所占比例，降低产量。与本研究结果相同，花针期干物质积累量随播期推迟逐渐增加，此时期主要为营养生长期，夏播覆膜处理干物质积累量达最高，显著高于麦套花生；结荚期至饱果期是花生干物质积累速率最快的两个时期，也是花生生长关键期，各处理不同器官干物质积累量差异显著，植株总积累量以WPA3处理最高，早播处理WPA1与晚播处理SPTC干物质积累最少，SPEM处理干物质积累量高于SPTC但低于WPA2、WPA3和WPA4处理。从各器官积累动态来看，干物质积累量的提高主要是由于茎和荚果积累量与分配比例提高，表明适期套种能协调营养生长与生殖生长的关系，有利于营养物质向荚果转运和积累，从而提高干物质积累。

二、播期对麦油两熟制功能叶片光合特性的影响

(一) 叶绿素含量

图8-5A可知，随着花生生育进程推进，不同播期处理Chla含量随生育进程推进呈前期迅速增加、后期缓慢下降的趋势，于结荚期达最大值。处理WPA2和WPA3在花针期后Chla含量迅速增加，结荚期达峰值，与SPTC和SPFM相比差异显著，分别提高10.2%和6.6%。进入生育后期，WPA2和WPA3的Chla含量下降缓慢，下降幅度低于夏播花生和其他处理。过早播种(WPA1)植株生长缓慢，

Chla 含量一直处于较低水平，过晚播种(SPFM)前期 Chla 含量迅速增加，但后期叶片迅速衰老，Chla 含量迅速下降至最低值。

由图 8-5B 看出，Chlb 含量与 Chla 含量变化规律相似，不同播期处理均呈先升高后降低的趋势，峰值出现在结荚期。WPA3 和 WPA2 的 Chlb 含量在结荚期均高于其他处理，达极显著水平，与 SPFM 相比分别提高了 30.6%和 19.8%，与 WPA1 相比分别提高了 38.5%和 29.7%。其他生育时期各处理间差异不显著。

播期对花生 Chl(a+b)含量有显著影响(图 8-5C)，各处理间总体变化趋势一致，在全生育期内呈抛物线形变化趋势，均在结荚期达峰值后逐渐下降，但下降幅度均不相同。花针期 Chl(a+b)含量随播期推迟而增加，麦套花生叶绿素总含量均低于夏播花生(SPTC 与 SPFM)。播期 WPA1 在整个生育期内 Chl(a+b)含量处于较低水平，夏播花生在结荚期之前显著高于其他处理，随后迅速下降，至饱果期降幅达 30.8%，其他处理降幅基本一致。WPA3 和 WPA2 结荚期后 Chl(a+b)含量显著高于其他处理，较 WPA1 提高 25.9%和 18.5%，较 SPFM 增加了 13.1%和 6.4%。以上说明，适宜播期可提高 Chla、Chlb 和 Chl(a+b)含量，且能维持至成熟期，为促进光合作用、提高光合产物提供了理论基础。

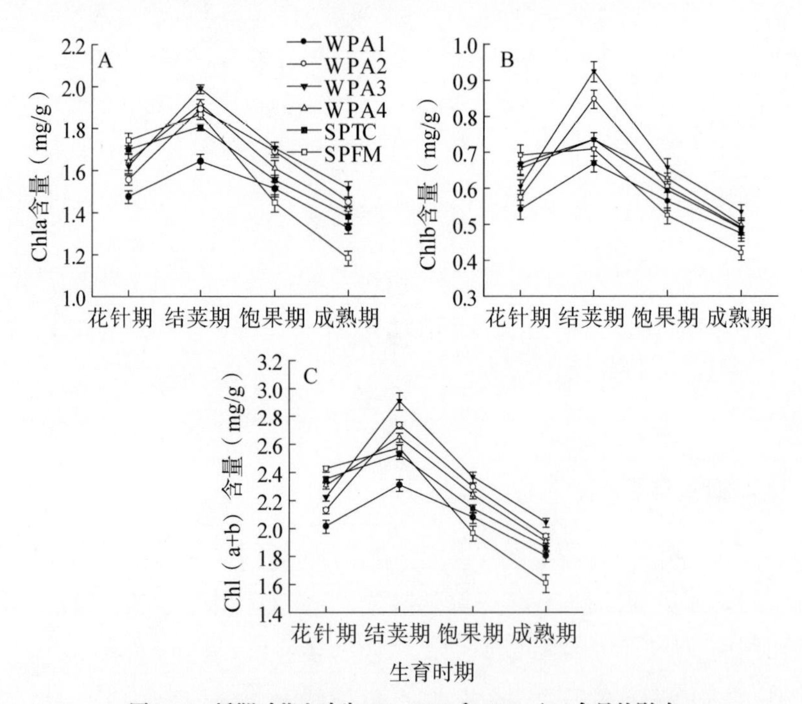

图 8-5 播期对花生叶片 Chla、Chlb 和 Chl(a+b)含量的影响

光合作用是能量转化和形成有机物的过程，从生理学角度来讲，植株叶片进行光合作用产生初级产物——碳水化合物，经过不断积累和转化合成籽仁中各组分(刘忠堂，2005)。不同播期对花生光合性能的影响往往通过光、温、水等气象条件改变叶片光合性能，从而影响光合产物的合成、运转、积累和分配，最终影响作物产量。叶片的光合性能包括光合能力、光合面积、光合时间、光合产物的消耗及产物的分配利用。因此，常用光合速率、叶绿素含量、叶绿素荧光参数等指标表示叶片光合性能的动态变化。

叶片叶绿素含量在光能的吸收、传递和转换中起关键作用，其含量高低直接影响花生光合作用的进行。张凯等(2012)研究表明，在小麦抽穗期，各播期处理小麦的叶绿素含量达最大值；在抽穗期之前，早播小麦叶绿素含量高于晚播的，而抽穗期以后播种越早，叶绿素含量下降越快，叶绿素降解加快，导致叶片光合速率降低。本研究表明，不同播期花生叶片的 Chla、Chlb、Chl(a+b)含量最大值均出现在结荚期。结荚期前播期越晚叶绿素含量越高，结荚期后 WPA3 处理叶绿素含量与其他处理相比最高，过早或过晚播种叶绿素降解快、含量低，但不同的是，过早套种花生叶片叶绿素含量在整个生育期内均处于较低水平，而晚播利于前期叶绿素含量提高，中后期则迅速下降至最低水平。以上表明，适期套种为中后期维持较高的光合特性提供了生理基础。

(二) 叶绿素荧光参数

不同播期处理显著影响花生功能叶片叶绿素荧光参数，随着生育时期的推进，Φ_{PSII} 与 Fv/Fm 均呈现先升高后降低的“抛物线”形变化趋势(图 8-6)。从不同播

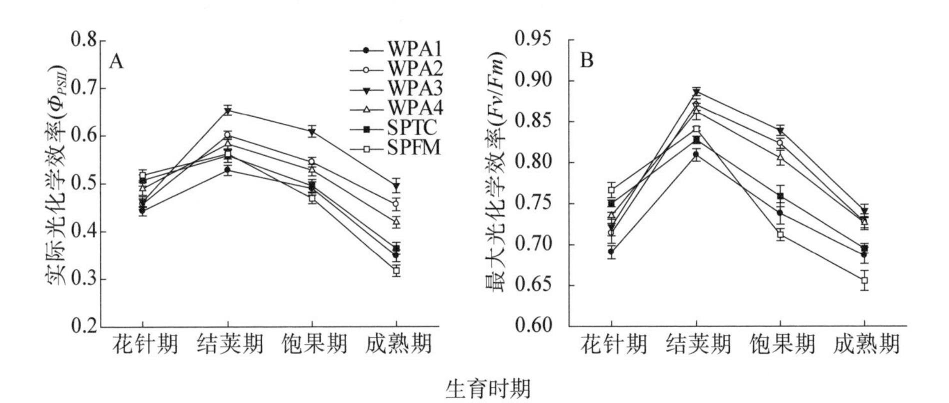

图 8-6 播期对花生荧光参数的影响

期处理在各生育期的变化来看，花针期Φ_{PSII}与Fv/Fm均随播期推迟逐渐升高，但各处理间差异不显著；至结荚期均达最大值，WPA3表现最为显著，与SPTC和SPFM相比，Φ_{PSII}分别增加17.1%和16.3%；Fv/Fm分别增加7.1%和5.5%，WPA1、WPA2、WPA4处理间无显著差异。以上说明，适期播种能显著提高PSⅡ实际光化学效率与最大光化学效率Fv/Fm，且下降幅度显著低于SPTC和SPFM，晚播和早播均不利于PSⅡ的光能转换。

叶绿素荧光的变化可以反映光合作用内部变化情况，被称为光合作用的探针。植物叶片吸收的光能主要用于光化学反应、热耗散和发射荧光，因此可以通过探测叶绿素荧光的变化揭示植株对逆境胁迫的适应性以及植株生长、病害和受胁迫等生理状况(冯建灿等；2002)。间作遮阴能提高花生叶片中PSⅡ电子传递活性，促进Q_A还原为Q_A^-，还能提高功能叶片的Fv/Fm和Fv/Fo，说明花生在遮阴条件下可提高叶片的最大光化学效率与潜在光化学活性。任佰朝等(2015)研究表明，在夏玉米三叶期进行淹水胁迫明显抑制了PSⅡ潜在光合作用活力，使叶片Fv/Fm、Fm/Fo和Φ_{PSII}显著下降，降低PSⅡ的实际电子传递量子效率，导致光合速率下降、光合性能减弱，最终造成减产。本研究表明，WPA3播期处理在花生结荚期至成熟期内Fv/Fm和Φ_{PSII}均高于其他播期处理，即使在生育后期花生叶片受光照和日照时数影响光合性能下降，但弱光胁迫促使PSⅡ启动更多的反应中心获取光能，激活对弱光的吸收转化效率，从而提高最大光化学效率，增强花生叶片的光能吸收和转化效率。

(三) 叶片光合参数

光合能力是花生产量和品质形成的基础。从图8-7A中可以看出，在花生整个生育期内，不同播期处理下净光合速率(Pn)随生育期推进均呈现先升高后降低的变化趋势，于结荚期达到峰值，其中WPA3最高，与其他处理相比提高了5.5%～19.8%，差异达显著水平。至生育后期，麦套花生WPA3、WPA2和WPA4下降速率低于SPTC处理，成熟收获时仍能维持较高水平，有利于生育后期光合产物的积累，表明播种过早(WPA1)或过晚(SPTC、SPFM)不但净光合速率较低，而且下降速度快，生育后期已降至较低水平。

气孔导度(Gs)反映了植株气孔传导CO_2和H_2O的能力，是气孔行为最为重要的生理指标。由图8-7B可知，不同播期处理变化趋势基本一致，呈单峰曲线变化，峰值均出现在饱果期。花针期气孔导度随播期推迟逐渐上升，至结荚期快速升高，WPA3处理一直保持较高的气孔导度，至饱果期达到峰值0.56 mol/(m^2 · s)，

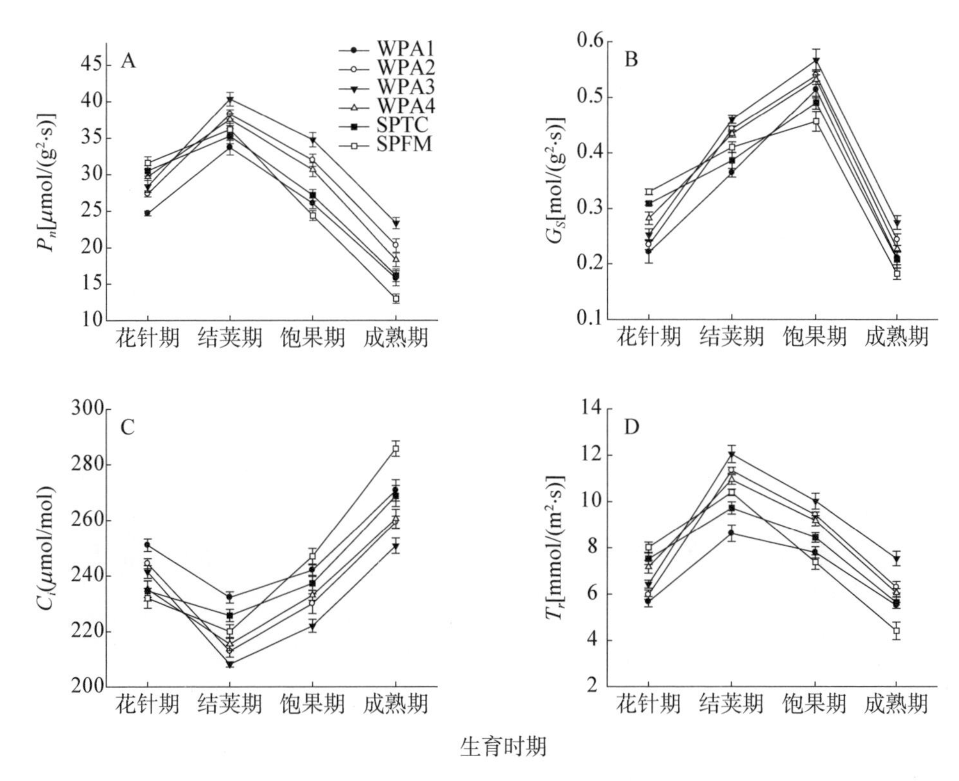

图 8-7　播期对花生叶片光合特性的影响

与其他处理相比分别提高 10.2%、5.0%、6.6%、15.6%、24.2%，差异达极显著水平，而且生育后期下降速度较其他处理缓慢。SPFM 前期生长快，气孔导度较高，饱果期后气孔导度处于较低水平，这是由于播期较晚，后期温度降低影响气孔张开程度，且下降速率高于其他处理。以上表明，适宜播期（WPA3）在各生育时期都能维持较高的气孔导度，且显著高于夏播花生（SPTC 和 SPFM），从而加快 CO_2 同化，提高光合速率。

胞间 CO_2 浓度（Ci）是确定光合速率变化的主要原因和是否为气孔因素必不可少的判断依据。随花生生育进程推进，胞间 CO_2 浓度逐渐下降，于结荚期达到最低值，而后快速升高，各播期处理变化趋势一致（图 8-7C）。结荚期 WPA3 和 WPA2 一直保持较低的胞间 CO_2 浓度，与两者较高的净光合速率相吻合。播期过早（WPA1）或过晚（SPFM）对胞间 CO_2 浓度影响较大，且与其他处理达极显著水平。收获期 WPA3 胞间 CO_2 浓度为 250.8 μmol/mol，较 SPFM 和 SPTC 分别降低 12.24%和 6.69%。

各处理随生育进程推进呈先升后降的趋势，峰值出现在结荚期(图 8－7D)。不同播期处理蒸腾速率与净光合速率趋势相似，与其他处理相比，结荚期 WPA3 蒸腾速率提高了 6.2%～39.7%，差异达极显著水平，至成熟期 WPA3 仍保持较高水平，与 SPFM 相比提高了 41.3%。以上表明，适宜播期能提高叶片蒸腾速率，对降低叶温、延长叶片功能期具有重要意义。

净光合速率(P_n)、气孔导度(G_s)、胞间 CO_2 浓度(C_i)与蒸腾速率(T_r)统称为叶片气体交换参数。在温度较高的环境条件下，作物叶片的气孔张开度和气孔导度升高，蒸腾速率加快，从而散失多余热量、降低叶温，体现了叶片对高温环境的适应性(Hamerlynck 等，2000)。许振柱等(2004)研究表明，随温度升高，羊草叶片的气孔导度和蒸腾速率增加，净光合速率和水分利用效率降低，表明高温增强了干旱对叶片气体交换的影响，降低了羊草的适应能力。王信宏等(2015)研究指出，不同时期断根处理花生功能叶片的净光合速率、气孔导度及蒸腾速率变化动态基本一致，均表现为花生开花后逐渐升高，至结荚期(7 月 20 日)达最大值，而后逐渐下降；但胞间 CO_2 浓度变化趋势与其相反，在花生开花后逐渐降低，至结荚期后逐渐升高。与前人研究结果基本一致，本试验结果表明，不同播期对花生各生育时期气体交换参数的影响差异显著。从花生生育期看，随生育进程推进，各播期处理的叶片净光合速率、气孔导度和蒸腾速率逐渐上升，至结荚期净光合速率和蒸腾速率达峰值，气孔导度于饱果期达峰值，而各处理的胞间 CO_2 浓度随生育期推进呈先下降后上升趋势，结荚期处于最低值。其中，WPA3 处理表现出良好光合性能，结荚期至成熟期各参数均显著高于其他播期处理，且下降幅度较其他处理缓慢。以上说明，适期套种可明显提高花生叶片净光合速率、蒸腾速率和气孔导度，降低胞间 CO_2 浓度，有效提高叶片光合性能，延长光合持续时间，增加光合产物积累，为提高植株生物量奠定生理基础。

三、播期对麦油两熟制花生生理特性的影响

(一) 硝酸还原酶活性

不同播期处理在花生整个生育期中 NR 活性呈抛物线变化趋势(图 8－8A)。WPA2 与 WPA3 在结荚期 NR 活性最高，较 SPTC 提高 38.5%和 30.7%，较

SPFM 提高 20.6%和 13.7%，且至生育后期活性一直高于其他处理。播种过早(WPA1)，酶活性升高幅度较低，活性低于晚播处理(WPFM)，处于较低水平，可能是由于环境因素导致生育期过长，植株生长缓慢造成的。生育前期 SPFM 处理 NR 活性高于 SPTC，说明覆膜栽培能促进前期植株生长，氮代谢加快；至生育后期 NR 迅速下降，与 SPTC 相比下降幅度大，降至较低水平。前人研究指出，在花生叶片展开至衰老过程中，NR 活性呈抛物线变化趋势。郭峰等(2009)研究表明，与单作花生相比，在小麦-花生共生期麦套花生叶和根的 NR 活性均低于单作花生，麦收后 NR 活性逐渐升高，至花针期麦套花生的叶、根的 NR 活性较单作花生提高 19.0%和 22.2%，至收获期一直维持较高水平，与单作花生相比，叶和根的 NR 活性分别提高 28.5%和 22.1%。本试验结果与前人研究结果一致。

本研究结果表明，不同播期对麦套花生的 NR 活性影响显著，花针期叶片 NR 活性随播期推迟逐渐升高，SPTC 与 SPFM 两个处理的 NR 活性显著高于其他播期处理，可能是由于夏播花生生育前期气候适宜，植株生长发育良好，叶片功能增强，进而影响花生体内氮素代谢过程。到结荚期 WPA2 和 WPA3 叶片的 NR 活性最高，较夏播花生提高 13.7%～30.7%，至花生收获期两者叶片的 NR 活性均维持较高水平，且显著高于其他播期处理，表明适期播种花生功能叶片可提高花生中后期叶片的 NR 活性，可增强叶片光合性能及蛋白质合成，延长叶片功能期，促进 CO_2 同化和干物质积累，进而说明花生叶片中氮代谢酶活性与花生产量密切相关。

(二) 可溶性蛋白含量

在叶片衰老过程中，可溶性蛋白含量能够反映 RuBP 羧化酶活性的变化，其含量下降是叶片衰老的主要特征。从图 8-8B 可以看出，随生育进程推进，可溶性蛋白质含量逐渐升高，至饱果期各处理花生叶片可溶性蛋白质含量达峰值，而后逐渐下降。花针期可溶性蛋白随播期推迟逐渐上升，SPFM 处理最高，SPTC 次之，两者间无明显差异；在结荚期和饱果期，均以 WPA3 处理的可溶性蛋白含量最高，与其他处理相比提高了 4.6%～10.3%，WPA2 与 WPA3 处理显著高于 WPA1 和 SPTC 处理，但两者之间差异不显著；到成熟期，WPA3 处理的可溶性蛋白含量仍维持较高水平，与夏播花生(SPTC 和 SPFM)相比下降速度缓慢。以上表明，SPFM 与 SPTC 处理播期较晚，虽然有利于前期叶片可溶性蛋白含量的提高，但中后期大幅下降，叶片氮代谢受阻，光合能力减弱；而 WPA3 播期处理可促进花生中后期叶片可溶性蛋白合成，提高了植株体内代谢水平，延长叶片功能期。

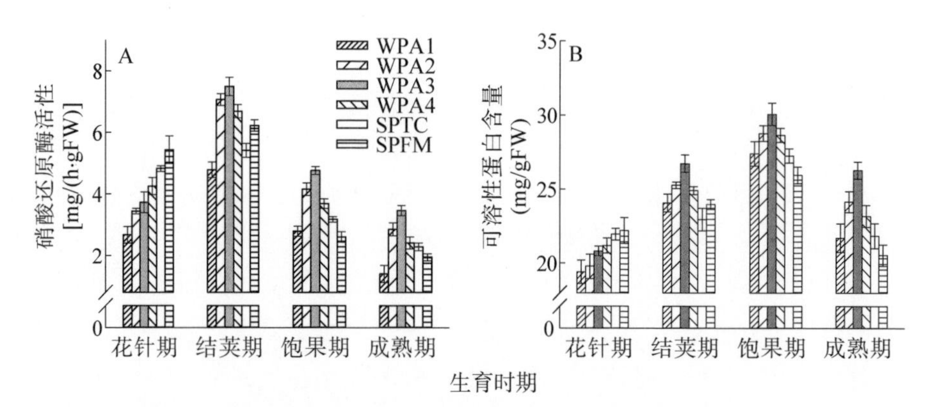

图 8-8 播期对花生叶片硝酸还原酶(NR)活性和可溶性蛋白含量的影响

植物叶片可溶性蛋白质是多种酶系构成的非膜结合蛋白体系,是叶片中氮的重要存在形式,其含量反映叶片氮代谢水平和叶片生活力的高低(李向东,2001)。翁伯琦(2014)研究指出,可溶性蛋白质含量在花针期较低,至结荚期达到最高,饱果期则略有下降,呈现"低—高—低"的变化趋势。本试验结果表明,叶片可溶性蛋白质含量在生长期呈单峰曲线变化,饱果期达最高。结荚期以 WPA3 处理的可溶性蛋白质含量最高,且生育期后期下降幅度较夏播花生缓慢,表明适期套种花生可延缓叶片可溶性蛋白质含量的下降速度,延长叶片的生理功能期,是花生维持较高光合性能的生理基础;与麦套花生相比,花针期 SPTC 与 SPFM 两个夏播处理可溶性蛋白含量较高,促进了叶片叶绿素含量的提高和叶面积的增加,为花生结实提供氮储备;至饱果期后,可溶性蛋白质含量迅速下降,抑制了植株内蛋白质的合成与转运,植株进入衰老进程。

(三) 抗氧化酶活性与丙二醛含量

SOD 是细胞内防御系统的关键酶之一,主要清除植物体内超氧阴离子自由基,保护植物免受活性氧的伤害,其活性高低标志着植物细胞抗衰老能力(Bowler 等,2003)。从图 8-9A 中可以看出,不同播期处理随生育进程推进 SOD 活性逐渐升高,至饱果期达最大值,而后下降。饱果期 WPA3 处理 SOD 活性最高,WPA2、WPA4 次之,与 SPFM 相比分别提高了 28.1%、21.2%和 19.1%,差异达极显著水平。至成熟期,各处理 SOD 活性与饱果期相比,按播期顺序分别下降 68.6%、54.5%、52.1%、56.9%、65.1%、74.3%,差异达显著水平。以上表明,适期套种可显著提高花生中后期 SOD 活性,使花生在生长发育后期减轻活性氧的毒

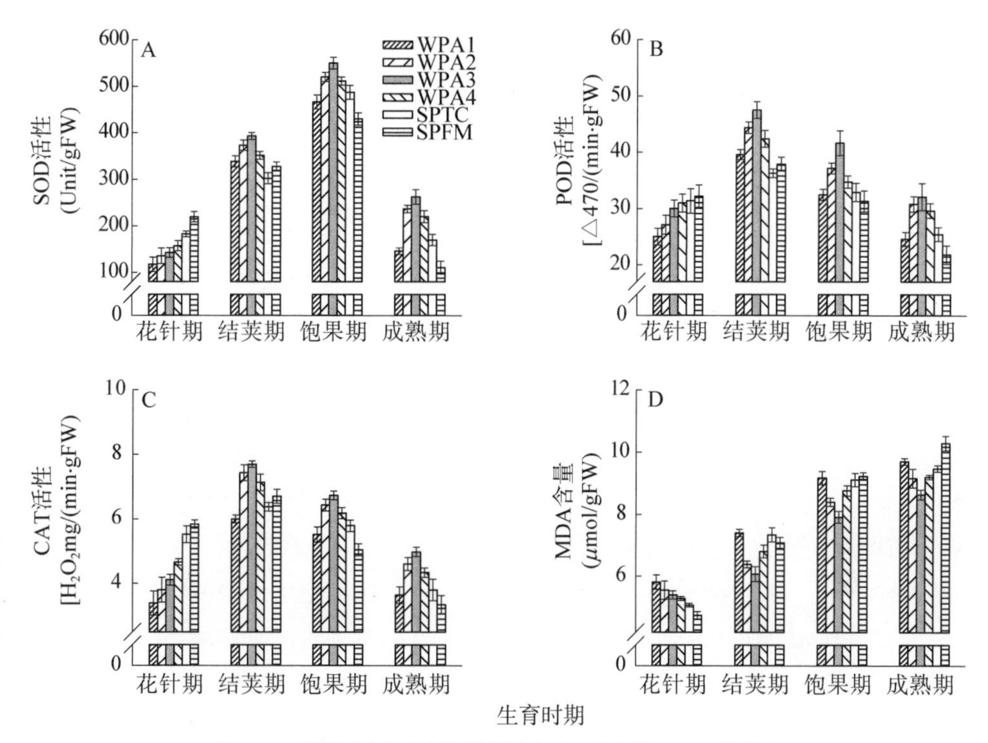

图 8-9　播期对花生抗氧化酶活性和丙二醛含量(MDA)的影响

害,且生育后期下降缓慢,降幅显著低于早播(WPA1)和晚播(SPFM)。

POD 是植物体内消除过氧化物、降低活性氧伤害的主要酶类之一,与光合作用、呼吸作用以及生长素的氧化等都有密切联系。由图 8-9B 可知,随花生生育进程推进,不同播期处理呈先上升后逐渐下降趋势,于结荚期达峰值。花针期不同播期处理 POD 活性随播期推迟逐渐上升,处理间无显著差异;结荚期至成熟期,各处理 POD 活性表现出明显差异,均以 WPA3 处理活性最高且与其他处理差异显著,WPA2 与 WPA3 处理间无显著差异,但 POD 活性显著高于 SPFM 处理。

CAT 可分解植株体内高浓度的 H_2 和 O_2,消除活性氧的毒害作用。从图 8-9C 可以看出,不同处理间 CAT 活性在花生整个生育期内总体趋势与 POD 活性相似,均呈单峰曲线变化趋势,峰值出现在结荚期。结荚期 WPA2 与 WPA3 处理 CAT 活性显著高于其他处理,两者之间差异不显著。饱果期至成熟期,WPA3 处理 CAT 活性最高,WPA2 与 WPA4 次之,三者均显著高于 SPTC 与 SPFM。

MDA 为膜质过氧化物,其含量高低反映了细胞膜脂过氧化水平,过量的积累使细胞质膜受损，从而诱发细胞代谢紊乱。从图 8-9D 中可以看出，随花生生育进程推进，各处理 MDA 含量逐渐上升，至成熟期达到最大值。结荚期至成熟期，WPA3 处理叶片 MDA 含量最低，均显著低于 SPTC 和 SPFM。与 SPTC 和 SPFM 相比，结荚期 WPA3 处理的 MDA 含量分别降低 17.3%和 14.3%；饱果期分别降低 13.1%和 14.25%。

植株叶片的衰老与活性氧代谢密切相关，是由于细胞内活性氧积累和自由基代谢失衡引起(严雯奕等，2010)。生物细胞拥有清除自由基的体系来维持活性氧代谢的相对平衡，该体系包括酶促系统，主要由 SOD、CAT 和 POD 等重要保护酶组成。其中，SOD 可将细胞内超氧阴离子自由基还原为 O_2 和 H_2O_2，防止超氧阴离子对植物造成危害；POD 是活性较高的氧化还原酶，能将 H_2O_2 还原生成 H_2O 和 O_2；CAT 能催化细胞内过氧化氢的分解，减轻过氧化氢对细胞的毒害作用(陈鸿鹏等，2007；崔晓闯等，2017)。抗氧化酶活性高低能够反映植物生长发育特性、体内代谢状况以及对外界环境的适应(杨淑慎等，2001；战秀梅等，2007；高小丽等，2008)。MDA 是植物膜脂过氧化产物，其含量的高低可反映植物细胞膜受伤害程度以及植株抗氧化能力和生理代谢的强弱(孙学武等，2011；于吉琳，2013)。郭峰研究指出，花生根系中 SOD、POD、CAT 活性在结荚中后期达到高峰，与春播单作花生相比，麦套花生生育后期酶活性的降低幅度明显缓于单作花生。杨传婷(2012)研究表明，夏播花生能明显提高花生生育前期的 SOD、POD 和 CAT 活性，但饱果期后活性迅速降低，活性氧大量积累加速了叶片衰老速度，植株易发生早衰；麦套花生生育前期叶片 POD 和 CAT 的活性较低，后期抗氧化酶活性高于夏播花生，且维持在较高水平，可有效减轻细胞膜受伤害程度，延长叶片功能期，延缓叶片衰老。

本研究表明，花生生育期内不同播期处理的 SOD、POD、CAT 活性呈先升高后降低的变化趋势，峰值出现在结荚期或饱果初期；在花生生育中后期，WPA3 处理的 SOD、POD 和 CAT 活性显著高于 SPTC 与 SPFM 两个夏播花生处理，表明较高的抗氧化酶活性有利于清除活性氧，可减轻超氧自由基和过氧化氢对植物细胞的危害，延缓花生叶片衰老，维持叶片较高的光合功能，对于提高后期干物质积累速度具有重要作用。与其相反，MDA 含量随花生生育进程推进呈逐渐上升趋势。花生结荚期后，同一生育期内不同播期处理间 MDA 含量呈先下降后升高趋势，其中以 WPA3 处理 MDA 含量最低，WPA2 处理次之；WPA1、SPTC 与 SPFM 处理 MDA 含量最高，但 3 个处理间无显著差异。以上表明，适期套种可减少 MDA 积累，减轻氧自由基的毒害程度，进而延缓衰老进程，有利于后期干物质积累和荚果发育充实;过早或过晚播种,生育中后期花生叶片膜脂氧化作用逐渐加强,MDA含量迅速积累,膜透性显著增加,对叶片膜系统伤害严重,造成叶片衰老速度加快。

(四) 根系活力

由图8-10可见,结荚期各处理根系活力达最大值,与SPTC处理相比,WPA2、WPA3处理分别提高31.7%和26.1%,与SPFM相比提高19.6%和13.9%,WPA2与WPA3处理间差异不显著。而后逐渐下降,播期过早(WPA1)植株生长较弱,根系活性上升慢,与其他处理相比处于较低水平;过晚(SPTC、SPFM)生育前期根系活力高于其他处理,达到峰值时间短,而后迅速下降,生育后期根系活力显著低于其他处理;适宜播期(WPA2、WPA3)花生进入花针期后根系活力迅速上升,到结荚期达到高峰,之后活力缓慢下降,在生育中后期根系活力始终处于较高水平。

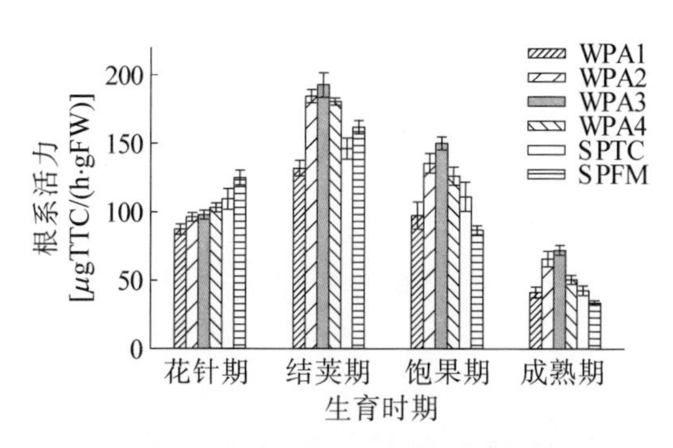

图8-10 播期对花生根系活力的影响

根系活力泛指根系的吸收、合成、氧化和还原能力等,是客观反映根系生命活动的生理指标。根系吸收土壤养分作为花生养分的主要来源,其根系活力变化直接影响地上部的生长和最终产量(Daimon等,2001)。王月福等(2012)研究表明,随生育时期推进,花生根系活力均呈现先升后降的趋势。杨传婷(2012)在研究不同种植方式对花生根系活力的影响中指出,夏直播与麦田套种花生在结荚期根系活力达到峰值;与春播和夏播花生相比,成熟期麦田套种花生可明显减缓根系活力的下降速度,维持较高的根系活力直至花生收获,这对延缓植株地上部衰老、促进荚果饱满充实发挥了重要作用。

本试验结果表明,花生根系TTC还原力随生育期推迟呈现先升高后降低趋势,以结荚期根系活力最高。不同播期处理对花生根系活力影响显著,WPA3与WPA2处理在花生生长发育中后期的根系活力均高于其他处理,此期是花生产量形成期,较高的根系活力能提高根部养分吸收功能,维持花生整株的生长发育和生理代谢情况,对提高后期叶片光合作用,促进荚果发育和增产具有重要意义。

四、播期对麦油两熟制花生和小麦产量及其综合效益的影响

(一) 花生和小麦产量及其构成因素

由表8-7、表8-8中可以看出,不同播期处理对小麦产量无显著影响,而对麦套花生产量影响显著。随播期推迟,荚果产量和籽仁产量呈先升后降趋势。其中,WPA1与SPTC处理间差异不显著,荚果产量和籽仁产量均低于其他播期处理达极显著水平。WPA3产量最高,与其他处理相比,荚果产量按播期顺序分别提高28.7%、7.9%、9.9%、20.4%和30.9%。

表8-7 播期对花生产量及产量构成因素的影响

处理	荚果产量 (kg/hm²)	籽仁产量 (kg/hm²)	千克果数 (个)	千克仁数 (个)	单株结果数 (个)	出仁率 (%)
WPA1	3913.1 e	2776.6 e	563 e	1448 e	11.9 e	71.0 a
WPA2	4667.3 b	3276.5 b	571 d	1485 d	14.4 bc	70.2 ab
WPA3	5037.7 a	3530.3 a	585 c	1513 c	15.9 a	70.1±b
WPA4	4582.7 c	3180.2 c	604 b	1524 b	14.9 b	69.4 bc
SPFM	4182.5 d	2887.5 d	609 b	1529 b	13.8 cd	69.0 c
SPTC	3847.4 e	2619.8 e	626 a	1558 a	13.0 d	68.1 d

注:同一列标以不同小写字母表示5%水平差异显著性。下同。

表8-8 播期对小麦产量及产量构成因素的影响

处理	穗数 (×10⁴/hm²)	穗粒数 (个)	千粒重 (g)	籽粒产量 (kg/hm²)
WPA1	679.33 a	39.95 a	37.23 a	10100.00 b
WPA2	679.67 a	39.50 a	37.22 a	9866.67 b
WPA3	681.67 a	39.60 a	37.22 a	10633.33 ab
WPA4	680.67 a	39.67 a	37.52 a	10966.67 a
SPFM	680.00 a	39.71 a	37.43 a	10066.67 b
SPTC	680.33 a	39.51 a	37.40 a	10166.67 ab

从产量构成因素来看,随播期推迟,千克果数与千克仁数显著增加,出仁率显

著降低,WPA4 与 SPFM 处理间差异不显著,其他处理间千克果数和千克仁数差异显著,出仁率相对影响较小;与 SPFM 和 SPTC 相比,WPA3 单株结果数显著提高 2~3 个。表明适宜播期可以显著增加单株结果数,降低千克果数和千克仁数,出仁率提高获得高产。可见,播期主要影响花生的千克果数、千克仁数和单株结果数,进而影响产量。

(二) 综合效益分析

由表 8-9 可知,不同处理中,WPA3 处理花生产值最高,WPA1 处理最低,与花生产量趋势一致;WPA4 处理小麦产值均高于其他处理。从综合效益来看,WPA3 的复合产值最高,与其他播期处理相比,经济效益分别增加 6 738 元/hm^2、3 766 元/hm^2、1 648 元/hm^2、6 032 元/hm^2 和 6 412 元/hm^2;WPA1 与 SPTC 处理的综合效益处于较低水平。

表 8-9 播期对小麦和花生综合效益的影响

处理	小麦产量 (kg/hm^2)	小麦产值 (元)	花生产量 (kg/hm^2)	花生产值 (元)	复合产值 (元)
WPA1	10 100.00	25 755	2 776.6	19 811	45 566
WPA2	9 866.67	25 160	3 276.5	23 378	48 538
WPA3	10 633.33	27 115	3 530.3	25 189	52 304
WPA4	10 966.67	27 965	3 180.2	22 691	50 656
SPFM	10 066.67	25 670	2 887.5	20 602	46 272
SPTC	10 166.67	27 200	2 619.8	18 692	45 892

注:2017 年 11 月份小麦销售价格为 2 550 元/t,花生仁销售价格为 7 135 元/t。

前人研究表明,播期通过光、温、水等生态因子影响花生生长发育及产量的形成(卢山,2011)。Caliskan 等(2008)研究表明,播期对荚果产量、单株荚果数、出仁率、生物量和蛋白质含量均有显著影响,5 月 1 日之前播种的花生由于营养生长的温度较低,在早熟和产量方面无任何优势;而在 5 月中旬至 6 月上旬播种,此时植物营养生长和生殖生长阶段处于适宜的温度条件下,花生能获得更多的太阳辐射和日照时数,并延长了生育期,最终获得高产(Caliskan 等, 2008)。于旸(2011)研究指出,适宜播期能提高花生的库和源,使源、库协调发展,提高单株生产潜力,单株结果数和饱果率增加,进而产量最高;早播由于苗期低温,植株生长力较弱,导致源供不足而造成产量降低;晚播生育前期温度适宜,植株地上部徒长,形成源过大、库不足,影响干物质转运而造成产量下降。因此,确定产量限制因素和适宜的农艺管理措施对提高花生产量潜力至关重要。

花生的经济产量是由单位面积株数、单株结果数和果重 3 个因素构成。本试验结果表明，在小麦高产的基础上，播期对花生产量影响显著。在同一密度条件下，与 SPFM 与 SPTC 相比，WPA3 处理分别增产 20.4%和 30.9%，从产量构成因素看增产原因，主要是显著提高了花生单株结果数、果重及出仁率。分析原因可能是：过早套种（WPA1）虽提高了花生果重和出仁率，但单株结果数较低，降低了花生产量；晚播（SPTC）千克果数与千克果数增加，出仁率降低，限制了产量的提高。从经济效益分析，WPA3 处理较其他播期处理提高 1648～6738 元/hm^2，WPA1 与 SPTC 处理的综合效益处于较低水平。

五、播期对麦油两熟制花生籽仁品质的影响

（一）籽仁品质

从表 8－10 可以看出，随播期推迟，花生籽仁粗脂肪含量和油酸/亚油酸（O/L）值逐渐降低，蛋白质、蔗糖和可溶性糖含量增加。与 SPTC 相比，WPA1、WPA2、WPA3 处理粗脂肪含量提高 4.4%～6.6%，蛋白质含量降低 3.3%～8.5%，蔗糖和可溶性糖分别降低 13.2%～25.6%和 14.4%～20.4%。其中，WPA2 和 WPA3 处理粗脂肪、蛋白质、蔗糖和可溶性糖含量无显著差异，WPA4 和 SPFM 处理蛋白质、蔗糖和可溶性糖含量差异不显著，WPA1、WPA4 和 SPFM 处理间 O/L 值无显著影响，但与其他处理差异显著。以上表明，早播产量形成期长，生育后期气温适宜，叶片功能衰退缓慢，能显著提高粗脂肪含量和 O/L 值，降低蛋白质、蔗糖和可溶性糖含量；晚播生育后期气温下降，植株发生早衰、叶片功能下降，不利于荚果成熟，致使荚果蛋白质、蔗糖和可溶性糖含量升高。

表 8－10 播期对花生籽仁品质的影响

处理	粗脂肪（%）	蛋白质（%）	蔗糖（%）	可溶性糖（%）	O/L
WPA1	55.61 a	25.33 d	8.39 d	9.42±d	1.50 cd
WPA2	54.53 b	26.63 c	9.61 c	9.84 cd	1.57 a
WPA3	54.31 b	26.75 c	9.78 c	10.13 c	1.52 b

（续表）

处理	粗脂肪（%）	蛋白质（%）	蔗糖（%）	可溶性糖（%）	O/L
WPA4	53.36 c	27.26 b	10.63 b	11.32 b	1.51 c
SPTC	52.15 e	27.67 a	11.28 a	11.83 a	1.48 e
SPFM	52.56 d	27.55 ab	10.86 b	11.34 b	1.49 d

注:同一列标以不同小写字母表示 5%水平差异显著性。

（二）脂肪酸组分

脂肪酸组分对花生籽仁营养品质和加工特性有非常显著的影响，是油料品质评价中的重要指标。在花生籽仁 8 种重要脂肪酸中，油酸和亚油酸的相对含量直接影响花生的营养品质，两者相对含量为 80%左右。不同播期处理下，花生中脂肪酸各组分含量变化具有明显差异，其中油酸、硬脂酸、花生酸相对含量变化趋势相对一致，均随播期推迟而逐渐降低；与其变化趋势相反，亚油酸、棕榈酸、花生烯酸、山嵛酸相对含量均随播期推迟而升高；不同处理间廿四烷酸相对含量无显著影响（表 8－11）。WPA1、WPA2、WPA3 处理与 SPTC 相比，油酸分别提高 0.8%、2.8%和 2.0%，亚油酸降低 0.4%～2.9%，WPA2 与 WPA3 各脂肪酸组分含量均无显著差异。

表 8－11　播期对花生籽仁脂肪酸含量的影响（%）

处理	棕榈酸	硬脂酸	油酸	亚油酸	花生酸	花生烯酸	山嵛酸	廿四烷酸
WPA1	10.17 d	2.11 cd	49.18 d	32.74 c	1.18 b	0.84 d	2.30 b	1.04 ab
WPA2	10.12 e	2.50 a	50.15 a	31.91 d	1.23 a	0.81 e	2.07 d	1.01 ab
WPA3	10.45 c	2.22 b	49.74 b	32.73 c	1.17 bc	0.86 c	2.21 c	0.99 b
WPA4	10.47 bc	2.14 c	49.50 c	32.82 b	1.17 bc	0.87 c	2.22 c	1.01 ab
SPTC	11.03 a	2.02 e	48.75 e	32.86 a	1.14 d	0.91 a	2.39 a	1.06 a
SPFM	10.49 b	2.07 de	49.10 d	32.85 ab	1.16 c	0.88 b	2.32 b	1.05 ab

注:同一列标以不同小写字母表示 5%水平差异显著性。

李国瑜等(2018)研究表明，不同播期条件下，两个夏谷品种的产量、脂肪和碳水化合物含量均随播期推迟呈先升高后降低的趋势，蛋白质、总氨基酸含量呈先降低后升高的趋势，且差异达极显著水平。本试验结果表明，早期播种显著提高粗脂肪含量和 O/L 值，降低蛋白质、蔗糖和可溶性糖含量；晚播由于生育后期气温较低，缩短了花生产量形成期，减少了籽仁中脂肪的物质代谢积累，导致脂肪含量降低，蔗糖和可溶性糖含量增加。

花生籽仁中脂肪酸组成和含量直接决定食用花生油的营养品质和耐贮藏品质，是油料品质评价中的重要指标(迟晓元等，2016)。种子成熟度可以影响花生脂肪酸的组成，主要取决于基因型、气象条件和两者的相互作用。Andersen 等(2002)在研究不同年份和播期对不同花生品种脂肪酸化学组分的影响中分析指出，随播期推迟，硬脂酸、棕榈酸、油酸和花生酸的相对含量呈下降趋势，亚油酸、花生烯酸和山嵛酸含量增加(Andersen 等，2002)。本试验结果与其研究结果大体一致，花生籽仁中油酸和亚油酸含量最高，占脂肪酸总含量的 80%左右。随播期推迟，油酸、硬脂酸、花生酸相对含量逐渐下降，亚油酸、棕榈酸、花生烯酸和山嵛酸随播期推迟逐渐增加，而廿四烷酸相对含量无明显差异。

(三) 必需氨基酸含量

花生中含有人体所必需的 8 种氨基酸，必需氨基酸含量高低更能体现花生蛋白的营养价值。随播期推迟，花生籽仁中必需氨基酸及其总量均显著增加(表 8-12)。晚播可显著提高缬氨酸(Val)、异亮氨酸(Ile)、亮氨酸(Leu)、苯丙氨酸(Phe)、赖氨酸(Lys)含量，对改善花生品质具有重要意义；苏氨酸(Thr)、蛋氨酸(Met)含量无显著差异；与其他处理相比，夏直播处理的必需氨基酸总含量提高 14.4%～56.4%。不同栽培方式下，必需氨基酸总含量表现为夏直播＞夏播覆膜＞麦套花生，说明晚播有利于必需氨基酸合成。

表 8-12　播期对花生仁中必需氨基酸含量(g/100 g)的影响

处理	苏氨酸	缬氨酸	蛋氨酸	异亮氨酸	亮氨酸	苯丙氨酸	赖氨酸	总量
WPA1	0.47 d	0.74 e	0.23 d	0.49 e	1.08 e	0.84 f	0.52 e	4.38 f
WPA2	0.53 c	0.82 d	0.25 c	0.55 d	1.20 d	0.91 e	0.61 d	4.87 e
WPA3	0.57 c	0.84 d	0.26 bc	0.58 d	1.27 c	1.00 d	0.67 c	5.17 d
WPA4	0.62 b	0.92 c	0.27 ab	0.65 c	1.43 b	1.06 c	0.72 b	5.67 c
SPTC	0.71 a	1.12 a	0.28 a	0.82 a	1.71 a	1.32 a	0.89 a	6.85 a
SPFM	0.64 b	0.98 b	0.27 a	0.70 b	1.49 b	1.16 b	0.74 b	5.99 b

注：同一列标以不同小写字母表示 5%水平差异显著性。

(四) 非必需氨基酸含量

由表 8-13 可以看出，随播期推迟，非必需氨基酸及其总含量显著增加，晚播处理 SPTC 的非必需氨基酸含量最高，早播处理 WPA1 含量最低。含量变化较大的氨基酸为天冬氨酸(Asp)、谷氨酸(Glu)、丝氨酸(Ser)和丙氨酸(Ala),各处理间差异达极显著水平;甘氨酸(Gly)、胱氨酸(Cys)、酪氨酸(Tyr)、组氨酸(His)和精氨酸(Arg)影响不显著,但随播期推迟略微增加。以上表明,晚播更有利于非必需氨基酸的合成。由于花生籽仁氨基酸含量不仅受遗传因素制约,且还受气象因素、土壤条件、肥水等因素影响,从而影响氨基酸合成。具体影响因素还需进一步研究。

表 8-13 播期对花生仁中非必需氨基酸含量(g/100 g)的影响

处理	天冬氨酸	丝氨酸	谷氨酸	甘氨酸	丙氨酸	胱氨酸	酪氨酸	组氨酸	精氨酸	脯氨酸	总量
WPA1	2.00 e	0.76 f	2.91 e	0.88 d	0.74 d	0.32 e	0.61 d	0.39 d	2.00 d	0.55 e	11.16f
WPA2	2.16 d	0.87 e	3.23 d	1.09 c	0.83 c	0.35 d	0.71 c	0.42cd	2.16cd	0.59 d	12.41e
WPA3	2.28 d	0.93 d	3.49 c	1.17 c	0.87 c	0.38 c	0.74 c	0.44 c	2.33 c	0.65 c	13.28d
WPA4	2.46 c	1.02 c	3.75 b	1.33 b	0.95 b	0.39bc	0.82 b	0.50 b	2.60 b	0.72 b	14.55c
SPTC	2.79 a	1.27 a	4.46 a	1.55 a	1.05 a	0.44 a	0.91 a	0.58 a	2.88 a	0.81 a	16.74a
SPFM	2.65 b	1.07 b	4.25 a	1.43ab	1.01 a	0.41 b	0.90ab	0.52 b	2.83 a	0.75 b	15.81b

注:同一列标以不同小写字母表示 5%水平差异显著性。

花生蛋白质中约含有 10%水溶性的清蛋白,其余 90%为球蛋白,由花生球蛋白和伴花生球蛋白两部分组成。在种子发育过程中,伴花生球蛋白主要在早期合成,而花生球蛋白则以中后期合成为主,因此成熟度较差的花生籽仁中所含必需氨基酸较多(万书波,2003)。本研究结果表明,花生中含量较高的氨基酸主要为谷氨酸(Glu)、精氨酸(Arg)、天门冬氨酸(Asp)、亮氨酸(Leu)、甘氨酸(Gly)、苯丙氨酸(Phe)、丝氨酸(Ser),约占氨基酸总量的 70%。必需氨基酸中除苏氨酸(Thr)、蛋氨酸(Met)外,均有显著影响,非必需氨基酸含量远高于必需氨基酸,但差异不显著。随播期推迟,氨基酸总含量显著增加,与蛋白质含量变化趋势一致,与前人研究结果相同。

第二节 麦套花生最佳行距配置研究

种植方式是协调高密度条件下个体通风、受光条件及营养状况并最终作用于产量的因素之一(杨利华等,2006),尤其在高产栽培条件下,关系着作物群体结构是否合理、动态规律是否正常(宋伟等,2011)。行、株距配置作为高产栽培的主要调控手段,影响作物群体结构的合理构建(Farnham 等, 2001; Lambert 等, 2003)。多年来,围绕作物行、株距配置与产量的关系,人们做了大量的研究工作。研究认为,宽行窄株距可有效调控小麦产量构成三因素,改善生育后期光合特性,延缓衰老,并最终提高小麦籽粒产量(李娜娜等,2010);在玉米较高密度种植条件下,"80 cm+40 cm"的宽窄行配置有助于扩大光合面积、增加穗位叶层的光合有效辐射,同时改善冠层内部光照状况、增强籽粒灌浆能力,延长籽粒灌浆活跃时间(杨吉顺等,2010;魏珊珊等,2014)。花生属于喜温作物,对热量的要求较高,花生又属于短日照作物,日照长短对花生有一定的影响。宋伟等(2011)研究认为,在单作花生种植条件下,适当增大花生行距和采用大小行种植方式,可以提高田间透光率和冠层空气温度,降低冠层内部相对湿度,并能增加田间 CO_2 浓度,增强群体光合能力,有利于产量的提高。合理的种植方式使夜晚花生垄间顺沟风力增强,降温快,减少植株消耗养分,增加干物质积累。同时,能够增强通风、透光性,减轻病虫害发生。套种时由于花生与小麦在生育前期有一个共生期,不同种植方式对共生期间光照强度、地表温度、土壤物理性质等均有较大影响。

试验于 2015—2016 年在山东农业大学农学试验站进行。试验采用二因素不同水平随机区组设计,因素一为行距配置,设小麦行距 25 cm(MT25)、30 cm(MT30)、大小行 40 cm+20 cm(MTDX)3 种行距和夏直播(XZB),共 4 个水平;因素二为花生品种,设晚熟型山花 780-15 和早熟型山花 108(SH108)2 个水平。小麦供试品种为济麦 22,于 2015 年 10 月 13 日播种,基本苗为 270 万株/hm^2,2016

年 6 月 6 日收；麦套花生于 2016 年 5 月 23 日套种在小麦行间，其中大小行配置套种方式为在大行间靠近两行小麦处套种两行花生，小行间不套种花生，夏直播花生于 2016 年 6 月 7 日播种，种植密度均为 1.5×105 穴/hm^2，小区面积为 33 m×2 m，3 次重复，均于 9 月 28 日收获。施肥选用 N、P_2O_5、K_2O 含量分别为 20%、15%、10%的普通复合肥，根据每生产 100 kg 冬小麦籽粒和花生荚果所需吸收的 N、P、K 量，设置两季作物总施肥量为 1 500 kg/hm^2（折合纯氮 300 kg/hm^2、P_2O_5 225 kg/hm^2、K_2O 150 kg/hm^2），其中冬小麦季施总施肥量的 70%，即纯氮 210 kg/hm^2、P_2O_5 157.5 kg/hm^2、K_2O105 kg/hm^2，分底施 35%和拔节期追施 35%，花生季施总施肥量的 30%，即纯氮 90 kg/hm^2、P_2O_5 67.5 kg/hm^2、K_2O 45 kg/hm^2，于始花前一次施用。按照高产田进行田间管理，在小麦和花生整个生育期内保证充足的水分供应，小麦收获后及时除草、灭茬，保证花生有良好的生长环境。

一、不同行距配置对套种花生植株形态的影响

由表 8-14 可以看出，随着花生生育时期的推移，两品种不同处理的主茎高和侧枝长均表现为逐渐增加的变化趋势。山花 108 花生品种，增加小麦行距或大小行种植，促进了套种花生的营养生长，具体表现为主茎高度、侧枝长度增加。除花针期外，结荚期、饱果期和收获期，小麦行距 30 cm（山花 108 MT30）和小麦大小行（山花 108 MTDX）的套种花生，主茎高度和侧枝长度均明显高于小麦行距 25 cm（山花 108 MT25）的套种花生，说明适当扩大小麦行距、采用大小行种植模式有利于促进套种花生山花 108 的营养生长；在结荚期、饱果期和收获期，夏直播花生（山花 108 XZB，行距 25 cm）的主茎高度、侧枝长度明显高于小麦行距 25 cm 的套种花生（山花 108 MT25），表明夏直播花生植株易出现徒长现象。

表 8-14　小麦行距配置对套种花生的植株形态特征　　(单位:cm)

品种	处理	花针期		结荚期		饱果期		收获期	
		主茎高	侧枝长	主茎高	侧枝长	主茎高	侧枝长	主茎高	侧枝长
山花 108	MT25	21.00a	22.00a	28.33d	33.67b	29.50c	30.50c	29.83d	33.83c
	MT30	17.05b	19.17a	33.17b	38.33a	34.00b	36.83a	34.33b	36.50b
	MTDX	16.17b	20.00a	31.67c	34.50b	32.17b	35.00b	32.67c	35.67b
	XZB	12.33c	14.50b	36.17a	38.83a	35.00a	37.17a	36.00a	37.83a

（续表）

品种	处理	花针期		结荚期		饱果期		收获期	
		主茎高	侧枝长	主茎高	侧枝长	主茎高	侧枝长	主茎高	侧枝长
780－15	MT25	22.50a	24.17a	35.00c	37.50c	37.67c	42.67c	38.33c	41.33c
	MT30	22.00a	24.00a	37.50b	40.33b	39.00b	43.00b	40.67b	43.33b
	MTDX	23.00a	24.67a	39.17a	42.00a	41.33a	45.83a	42.17a	44.17a
	XZB	17.50b	20.00b	28.50d	32.17d	32.83d	36.83d	34.33d	37.50d

注：同一参数中标以不同字母的值表示不同处理间在 $P<0.05$ 水平上差异显著。LSD数据统计。

780－15花生品种，增加小麦行距或大小行种植，套种花生的主茎高度、侧枝长度有减小的变化趋势。花针期、结荚期、饱果期和收获期，小麦行距25 cm的套种花生（780－15MT25）主茎高度和侧枝长度42分别高于小麦行距30 cm的套种花生（780－15MT30）和小麦大小行（780－15MTDX），且其差异性表现显著，说明适当扩大小麦行距、采用大小行的种植模式可以促进780－15的套种花生塑造壮苗丰产的株型；夏直播花生（XZB，行距25 cm）的主茎高度、侧枝长度明显低于小麦行距25 cm的套种花生（780－15MT25），夏直播花生（XZB，行距25 cm）的营养生长状况较弱，说明780－15小麦花生的套作种植模式比夏直播种植模式更有利于花生植株的营养生长。

二、不同行距配置对套种花生叶面积指数的影响

由图8－11可以看出，在整个生育期4种处理的花生叶面积指数的变化规律相同，基本呈现先上升后下降的趋势。在花生播种密度一定的条件下，不同小麦行距处理间比较，增加小麦行距，山花108和780－15套种花生的叶面积指数均表现为上升的变化趋势。在结荚期，各处理的叶面积指数达到峰值，不同小麦行距处理间比较，增加小麦行距，山花108套种花生叶面积指数提高11.23%，780－15套种花生的叶面积指数提高12.5%；大小行种植（MTDX）与平均行距（MT30）相比，山花108套种花生大小行种植叶面积指数提高5.63%，780－15套种花生大小行种植的叶面积指数提高11.11%；在行距25 cm条件下，夏直播花生（XZB）与套种花生（MT25）相比，山花108套种花生叶面积指数提高14.67%，780－15套种花生的叶面积指数提高13.04%；山花108与780－15相比较，780－15花生叶面积指数较高，这与780－15花生本身的枝叶繁茂，植株健硕有关。以上说明，适当扩大小麦

行距,可以提高花生的叶面积指数,大小行种植方式比等行距种植在提高叶面积指数方面更有优势,套种花生比夏直播花生具有更高的叶面积指数,为进行光合作用打好基础,增加有机物贮藏量和积累量。

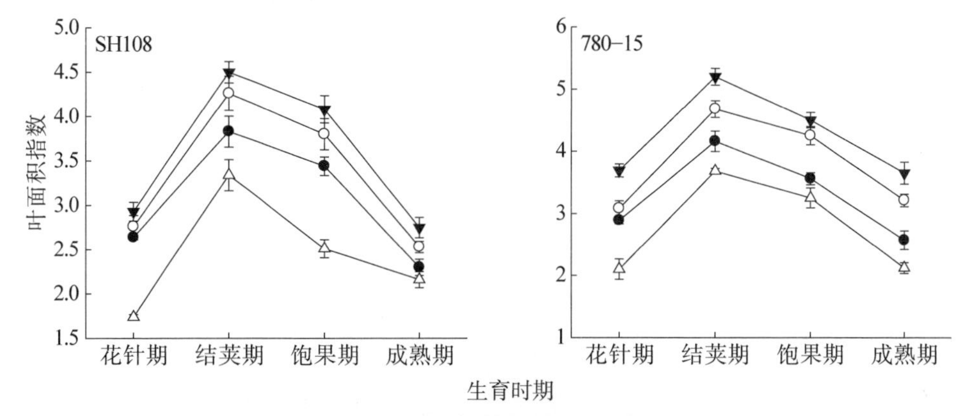

图 8-11 小麦行距配置对套种花生叶面积指数的影响

麦套花生有一段小麦与花生的共生期,延长了花生整个的生育期,具有前缓、后降、中突增的生育特点(沈玮囡等,2015)。主茎高度和侧枝长度是衡量花生发育状况和营养生长的重要形态指标。据研究表明,采用宽窄行种植大豆,可降低株高,避免地上部分徒长,促进形成丰产株型(张艳红等,2010)。本试验结果表明,在保持花生播种密度不变的情况下,小麦行距能明显影响套种花生的主茎高度和侧枝长度,适当扩大行距、采用大小行种植,可促进山花 108 套种花生主茎高度和侧枝长度增长,营养体生长旺盛;而 780 - 15 套种花生的主茎高度和侧枝长度表现出减小的变化趋势,使其塑造壮苗丰产株型,抑制地上部分营养生长,控制旺长,这与 780 - 15 本身株型高大茂盛有关,在本试验期间夏季有暴雨天气,出现倒伏现象。山花 108 夏直播花生的主茎高度和侧枝长度比套种花生有增大的趋势,夏直播花生地上部分出现徒长现象;而 780 - 15 夏直播花生的主茎高度和侧枝长度明显低于套种花生,营养体生长弱,这可能与夏直播种植播期晚有关。

适当的行距,在白天利于通风透光,维持田间二氧化碳浓度,加强花生的光合作用,增加干物质积累,夜间花生顺沟风力强,温度下降快,花生代谢减慢,消耗有机物少(李东广等,2008)。宋伟(2011)研究表明,花生种植行距过小,作物群体内部对水分、养分和空间竞争激烈,不利于干物质累积,适当的大行距更有利于荚果干物质的积累,保证了成熟期荚果的产量,大小行种植在花生生育前期有利于叶面积指数快速上升,达到峰值后能维持较长时间,并且后期下降速度缓慢,为光合作用提供保证。本试验结果表明，在保持花生播种密度不变的情况下，小麦行距能明显影响套种花生的主茎高度和侧枝长度，适当扩大行距、采用大小行种植，套种花生的干物质总积累量表现为上升的变化趋势，促进营养积累的增加，为后期有机物向“库”（荚果）转移提供保证，体现产量转化优势；行距 25 cm，套种花生的总干物质积累量和各功能器官的干物质积累量均高于夏直播花生（XZB，行距 25 cm），套种花生表现出更强健的营养生长态势，干物质积累增多，产量上升。

三、不同行距配置对套种花生光合特性的影响

（一）叶绿素含量

4 种处理的花生叶绿素含量的变化规律基本相同，呈现先上升后逐渐下降的单峰变化曲线，在结荚期达到峰值（表 8－15）。在花生播种密度一定的条件下，增加小麦行距，山花 108 和 780－15 套种花生的叶绿素含量均表现为上升的变化趋势，说明，小行距不利于叶绿素形成，对光合作用有抑制影响；大小行种植（MTDX）与平均行距（MT30）相比，山花 108 和 780－15 套种花生大小行种植方式的叶绿素含量较高，以上说明，发展套种花生，采用大小种植，可以促进叶绿素的形成，维持较高光合速率；在行距 25 cm，夏直播花生（XZB）与套种花生（MT25）相比，山花 108 和 780－15 套种花生的叶绿素含量更高，说明，夏直播花生抑制叶绿素生成，降低了光合速率，不利于产量形成。

表 8－15 小麦行距配置对套种花生叶绿素含量的影响

品种	处理	花针期 (mg/g)	结荚期 (mg/g)	饱果期 (mg/g)	产量 (mg/g)
SH108	MT25	1.95b	2.15a	2.04b	1.84a
	MT30	2.06a	2.23a	2.14a	1.60c
	MTDX	2.11a	2.27a	2.19a	1.66c
	XZB	1.92b	2.03b	1.97c	1.73b
780－15	MT25	1.95a	2.15b	2.04b	1.84a
	MT30	1.96a	2.14b	2.05b	1.37d
	MTDX	2.06a	2.31a	2.16a	1.46c
	XZB	1.83b	1.93c	1.85c	1.57b

注：同一参数中标以不同字母的值表示不同处理间在 $P<0.05$ 水平上差异显著，LSD 数据统计。

叶绿素是作物光合作用的一种必不可少的物质，在光能的吸收、传递和转换中起重要作用(江灵芝等，2013)，其含量的高低可反映叶片的衰老状况。光照是影响叶绿素形成的主要因素，而适当增大行距能使作物接受更多的光照。据宋伟(2011)研究表明，随花生生育期的推进，各行距处理间叶片中的叶绿素 SPAD 值均呈现前期上升后期逐渐降低的趋势，适当增大行距或者采用大小行的种植方式，有利于叶片的叶绿素含量在花生生殖生长阶段始终保持较高水平。本试验结果表明，在保持花生播种密度不变的情况下，小麦行距能明显影响套种花生的叶绿素含量，适当扩大行距、采用大小行种植，套种花生的叶绿素含量表现为上升的变化趋势；小麦行距 25 cm 的套种花生的总干物质积累量和各器官的干物质积累量均比夏直播花生(XZB，行距 25 cm)高，行距 25 cm 的夏直播花生的叶绿素含量均低于套种花生，说明适当扩大行距、采用大小行种植能促进叶绿素含量升高，夏直播对叶绿素的形成有抑制作用。

(二) 净光合速率

图 8 - 12 表明，从花针期至收获期，4 种处理的花生净光合速率的变化规律基本相同，呈逐渐下降的变化趋势。在花生播种密度一定的条件下，不同小麦行距处理间比较，增加小麦行距，山花 108 和 780 - 15 套种花生的净光合速率均表现为上升的变化趋势。在结荚期，小麦行距 30 cm 的套种花生(MT30)与小麦行距 25 cm 的套种花生(MT25)比较，增加小麦行距，山花 108 套种花生净光合速率提高 3.39%，780 - 15 套种花生的净光合速率提高 2.51%；大小行种植(MTDX)与平均行距(MT30)相比，山花 108 套种花生大小行种植净光合速率提高 3.33%，780 -

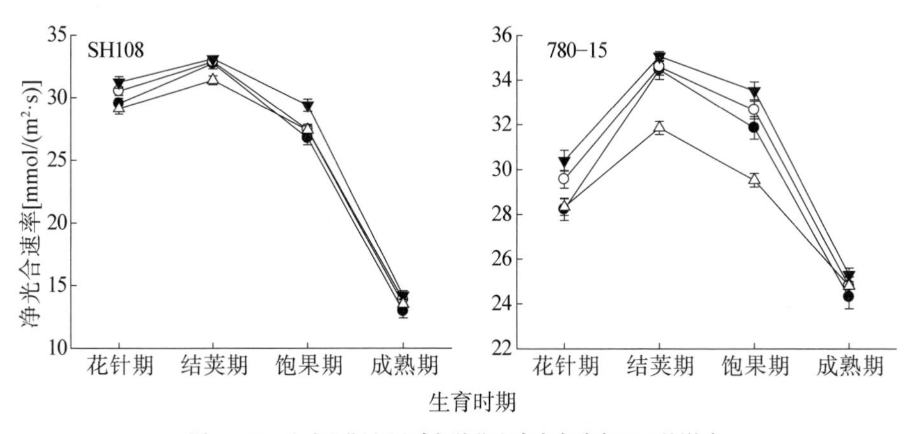

图 8 - 12 小麦行距配置对套种花生净光合速率(Pn)的影响

15 套种花生大小行种植的净光合速率提高 2. 63%；在行距 25 cm，夏直播花生(XZB)与套种花生(MT25)相比，山花 108 套种花生净光合速率提高 1. 37%，780 - 15 套种花生的净光合速率提高 7. 92%，在花生生育后期夏直播花生的净光合速率比套种花生高，这可能与夏直播花生的生育期较长有关；山花 108 与 780 - 15 相比较，780 - 15 花生净光合速率较高。以上说明，适当扩大小麦行距，采用大小行种植方式，有利于花生功能叶片的净光合速率提高，促进花生的生长发育，套种花生比夏直播花生在生育前期具有更高的净光合速率，积累了光合产物，为后期产量形成做贡献。

(三) 叶绿素荧光特性

从图 8 - 13 可知，从花针期至花生整个生育期，4 种处理的花生最大光化学效率的变化规律相同，基本呈现先上升后逐渐下降的单峰变化曲线，在结荚期达到峰值。在花生播种密度一定的条件下，4 个花生生育时期，不同小麦行距处理间比较，增加小麦行距，山花 108 和 780 - 15 套种花生的最大光化学效率均表现为上升的变化趋势。以上说明，发展套种花生，适当扩大小麦行距，有利于最大光化学能的提高；大小行种植(MTDX)与平均行距(MT30)相比，山花 108 和 780 - 15 套种

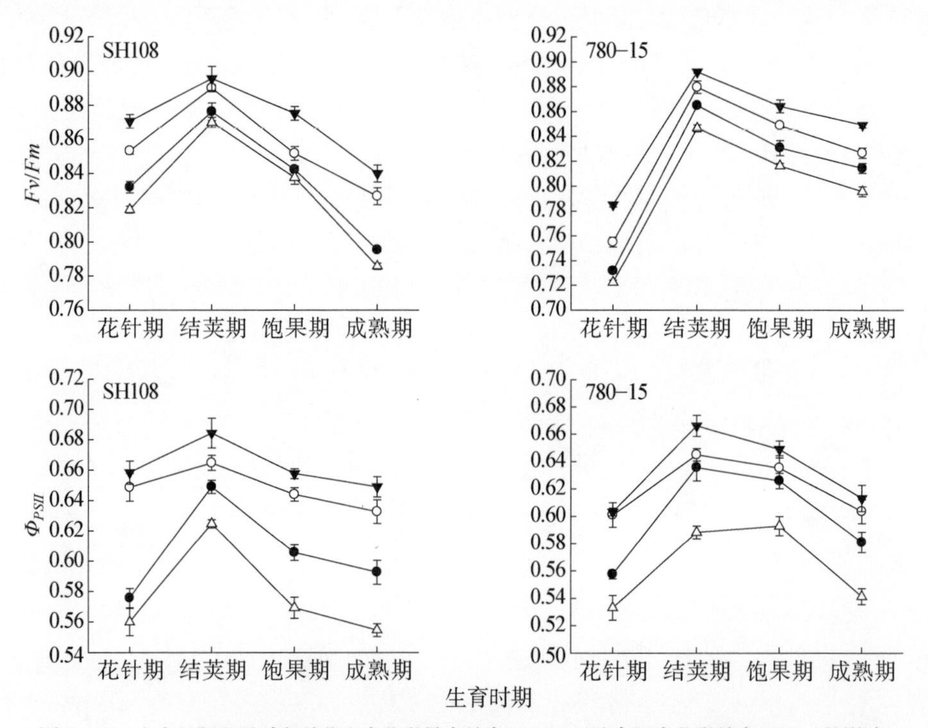

图 8 - 13 小麦行距配置对套种花生光化学最大效率(Fv/Fm)及实际光化学效率(Φ_{PSII})的影响

花生大小行种植的最大光化学效率较高，说明平均行距抑制最大光化学能上升；在行距 25 cm 条件下，夏直播花生（XZB）与套种花生（MT25）相比，山花 108 和 780－15 套种花生的最大光化学效率更高，说明套种花生比夏直播花生更有利于保持最大光化学能。

从花针期至收获期，4 种处理的花生实际光化学效率的变化规律相同，基本呈现先上升后逐渐下降的单峰变化曲线，在结荚期达到峰值（图 8－13）。在花生播种密度一定的条件下，4 个花生生育时期不同小麦行距处理间比较，增加小麦行距，山花 108 和 780－15 套种花生的实际光化学效率均表现为上升的变化趋势；大小行种植（MTDX）与平均行距（MT30）相比，山花 108 和 780－15 套种花生大小行种植的实际光化学效率较高；在行距 25 cm 条件下，夏直播花生（XZB）与套种花生（MT25）相比，山花 108 和 780－15 套种花生的实际光化学效率更高。以上说明，发展套种花生，适当扩大小麦行距，选用大小行种植方式，能促进花生功能叶片实际光化学效率的提高，套种花生比夏直播花生在获得高实际光化学效率方面更具优势。

作物功能叶片的净光合速率代表叶片积累干物质的能力强弱，可反映植株衰老状况。行距过小、等行距种植，虽然在花生生育前期群体净光合速率较高，但是随着生育期的推进，枝叶快速生长相互遮蔽，下部叶位叶片无法得到充足光照，处于光补偿点下，无法光合制造积累有机物（宋伟，2011）。本试验结果表明，在保持花生播种密度不变的情况下，小麦行距变化能明显影响套种花生的光合性能，适当扩大行距、采用大小行种植，套种花生的净光合速率、实际光化学效率和最大光化学效率均表现为上升的趋势。光合作用积累的有机物是作物干物质的主要来源，光合性能的好坏直接关系到产量的高低。在行距 25 cm 条件下，套种花生的光合性能指标均高于夏直播花生，说明套种能加强植株的光合作用，促进荚果产量的形成。

四、不同行距配置对套种花生叶片膜质过氧化和保护酶活性的影响

丙二醛（MDA）为膜脂过氧化产物，标志着膜脂过氧化程度。整个生育期内，两品种叶片 MDA 含量呈不断递增趋势（图 8－14）。从花针期至收获期，4 种处理的花生 MDA 含量的变化规律相同，呈现逐渐上升的变化趋势。在花生播种密度一定的条件下，不同小麦行距处理间比较，随着小麦行距的减小，山花 108 和 780－

15 套种花生的 MDA 含量均表现为上升的变化趋势；大小行种植（MTDX）与平均行距（MT30）相比，大小行种植降低了叶片的 MDA 含量，说明膜脂化受损程度轻；在行距 25 cm，夏直播花生（XZB）的 MDA 含量高于套种花生（MT25），说明套种播种方式能降低 MDA 含量；在花生生育后期，780－15 花生的 MDA 含量上升速度缓于山花 108 花生，这与 780－15 花生在成熟期植株的保绿性更好有关。

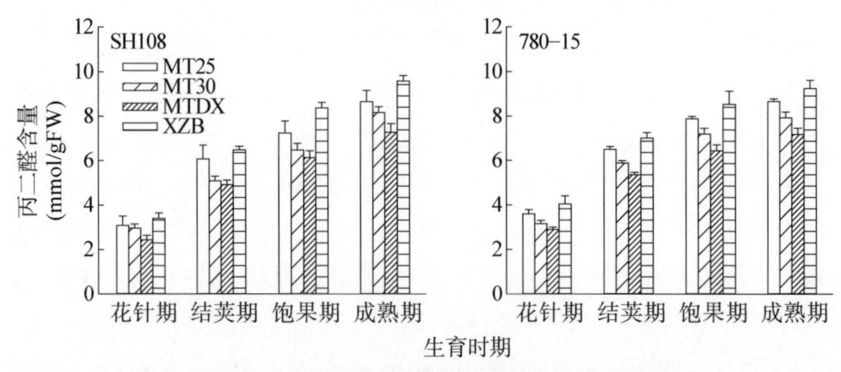

图 8－14 小麦行株距配置对套种花生 MDA 含量的影响

花生叶片抗氧化酶活性因小麦行距不同而有差异。从花针期至收获期，4 种处理的花生叶片各抗氧化酶活性变化规律基本相同，呈现前期上升而后下降的单峰变化曲线，超氧化物歧化酶（SOD）活性在饱果期达到峰值，过氧化物酶（POD）和过氧化氢酶（CAT）活性在结荚期达到峰值。在花生播种密度一定的条件下，增加小麦行距，山花 108 和 780－15 套种花生的叶片抗氧化酶活性表现为上升的变化趋势；大小行种植（MTDX）与平均行距（MT30）相比，大小行种植的套种花生叶片的抗氧化酶活性更高；在行距 25 cm 条件下，夏直播花生（XZB）与套种花生（MT25）相比，套种提高了花生叶片抗氧化酶活性，抑制花生叶片的衰老；在花生生育后期，780－15 花生比山花 108 花生的叶片抗氧化酶活性下降速度慢且活性高。

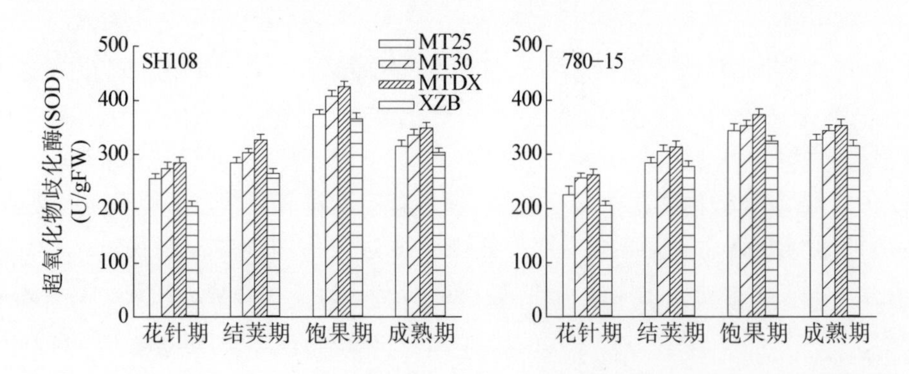

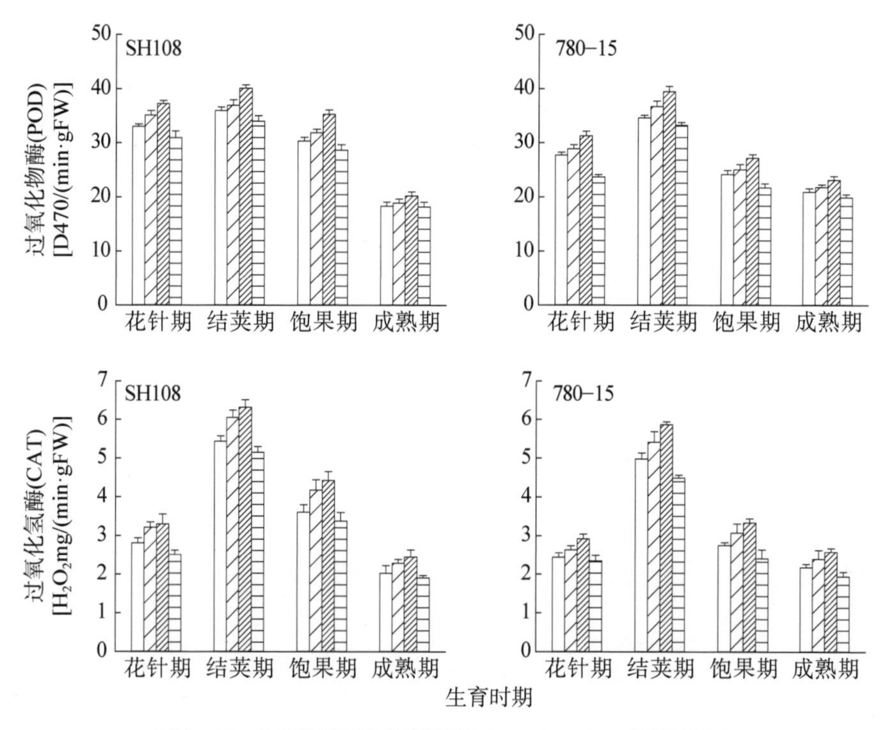

图 8-15 小麦行距配置对套种花生 SOD、POD、CAT 活性的影响

植物体在经历了生长发育高峰期后,其营养生长和生殖生长能力都会降低,主要表现为生长速度变慢、光合能力减弱、叶绿体解体(叶片发黄掉落)、抗病虫害能力下降等(马林,2007)。宋伟等(2011)研究表明,在花生的整个生育进程中,不同行距处理叶片的 SOD、POD、CAT 活性均呈先上升后下降的变化趋势,需指出的是,随行距的减小,抗氧化酶活性显著降低,特别在花生生育后期小行距处理的抗氧化酶活性较大行距处理下降快;自花生叶片展开以后,不同行距处理间 MDA 含量的变化均呈现不断上升的变化趋势,前期叶片内的 MDA 含量逐渐上升,后迅速上升,且行距越小,MDA 含量上升得越快。本试验结果表明,在保持花生播种密度不变的情况下,小麦行距能明显影响套种花生的抗氧化酶活性和 MDA 含量,适当扩大行距、采用大小行种植,可明显提高抗氧化酶活性,减轻氧自由基对植物体质膜和生物大分子的破坏,减少 MDA 含量,延缓植物衰老进程,特别抑制植物下部叶片过早衰落;夏直播花生的抗氧化酶活性低于套种花生,说明夏直播花生抗衰老性差;780-15 抗氧化酶活性在生育后期下降幅度小于山花 108,使得活性氧对生物膜系统和蛋白质等生物大分子破坏较小,有助于缓解衰老。

五、不同行距配置对套种花生干物质积累与转运的影响

由表 8-16 可以看出，在花针期、结荚期、饱果期和收获期，不同小麦行距处理间比较，增加小麦行距，套种花生的总干物质积累量均表现为上升的变化趋势，说明适当扩大小麦行距、采用大小行的种植模式可以促进套种花生植株营养生长，套种花生积累更多的有机物在后期向“库”（荚果）转移；尤其在收获期，小麦行距 30 cm 的套种花生和小麦大小行（大行距 40 cm、小行距 20 cm）的套种花生（山花 108 MTDX）荚果的干物质积累量均比小麦行距 25 cm 的套种花生多，表现出适当扩大小麦行距、采用大小行的种植模式在花生生育后期的产量转化优势；小麦行距 25 cm 的套种花生的总干物质积累量和各器官的干物质积累量均比夏直播花生（XZB，行距 25 cm）高，套种花生表现出更强健的营养生长态势，说明小麦花生的套作种植模式比夏直播种植模式更有利于花生植株的积累更多的干物质；780-15 套种花生在茎、叶的干物质积累量多于山花 108 套种花生，尤其在花生的生育后期，收获期山花 108 套种花生的荚果干物质积累量多于 780-15 套种花生，说明山花 108 套种花生较 780-15 套种花生在干物质累积上有一定优势，更有利于花生生育后期荚果产量的转化。

表 8-16　小麦行距配置对套种花生干物质积累与转运的影响

品种	生育时期	处理	总积累量（g/株）	根		茎		叶片		荚果	
				(g/株)	(%)	(g/株)	(%)	(g/株)	(%)	(g/株)	(%)
山花 108	花针期	MT25	12.02 b	0.79 b	6.5	5.56 b	46.2	5.67 b	47.2	—	—
		MT30	13.1 a	0.91 a	6.9	5.79 a	44.2	6.40 a	48.9	—	—
		MTDX	12.2 b	0.91 a	7.4	5.63 a	46.1	5.66 b	46.4	—	—
		XZB	8.18 c	0.67 c	8.1	3.34 c	40.8	4.17 c	51.0	—	—
	结荚期	MT25	32.36 c	0.92 b	2.8	11.43 b	35.3	9.27 b	28.6	10.74 b	33.2
		MT30	42.82 b	1.34 a	3.1	15.73 a	36.7	13.52 a	31.6	12.23 a	28.6
		MTDX	44.34 a	1.34 a	3.0	15.36 a	34.6	14.07 a	31.7	13.57 a	30.6
		XZB	28.98 c	0.98 c	3.4	12.12 c	41.8	9.23 c	31.8	6.65 c	22.9
	饱果期	MT25	32.47 c	1.12 b	3.4	9.66 c	29.8	7.76 c	23.9	13.93 c	42.9
		MT30	43.61 b	1.38 a	3.2	15.75 a	36.2	10.97 a	25.2	15.48 b	35.5
		MTDX	47.52 a	1.38 a	2.9	12.34 b	26.0	10.9 a	22.9	22.9 a	48.2
		XZB	33.11 c	1.10 b	3.3	13.54 b	40.9	9.44 b	28.5	9.03 b	27.3

（续表）

品种	生育时期	处理	总积累量(g/株)	根		茎		叶片		荚果	
				(g/株)	(%)	(g/株)	(%)	(g/株)	(%)	(g/株)	(%)
	成熟期	MT25	53.53 b	12.94 b	2.6	7.64 b	24.2	31.57 c	14.3	53.53 b	59.0
		MT30	57.1 a	13.95 a	2.2	8.69 a	24.4	33.21 b	15.2	57.1 a	58.2
		MTDX	57.45 a	13.28 a	2.3	5.96 c	23.1	36.89 a	10.4	57.45 a	64.2
		XZB	53.35 b	13.52 a	2.4	7.69 b	25.3	30.85 c	14.4	53.35 b	57.8
780-15	花针期	MT25	11.94 c	0.8 b	6.7	5.77 c	48.3	5.37 b	45.0	—	—
		MT30	12.98 b	0.87 b	6.7	6.32 b	48.7	5.79 b	44.6	—	—
		MTDX	20.73 a	0.94 a	4.5	10.25 a	49.4	9.54 a	46.0	—	—
		XZB	10.57 c	0.63 c	6.0	5.04 c	47.7	4.9 c	46.4	—	—
	结荚期	MT25	35.69 c	1.25 b	3.5	19.5 c	54.6	11.66 c	32.7	3.28 c	9.2
		MT30	54.64 b	1.87 a	3.4	21.63 b	39.6	21.06 b	38.5	10.08 b	18.4
		MTDX	70.95 a	1.8 a	2.5	31.94 a	45.0	24.49 a	34.5	12.72 a	17.9
		XZB	26.19 d	0.91 c	3.5	11.99 d	45.8	10.12 c	38.6	3.17 c	12.1
	饱果期	MT25	56.58 c	1.13 c	2.0	26.09 c	46.1	20.34 b	35.9	9.02 c	15.9
		MT30	64.04 b	1.76 b	2.7	29.92 b	46.7	20.28 b	31.7	12.08 b	18.9
		MTDX	90.94 a	1.87 a	2.1	43.32 a	47.6	29.54 a	32.5	16.21 a	17.8
		XZB	51.37 d	1.71 b	3.3	24.43 c	47.6	18.87 c	36.7	6.36 d	12.4
	成熟期	MT25	63.84 c	1.37 b	2.1	21.97 c	34.4	10.89 c	17.1	29.61 c	46.4
		MT30	72.33 b	2.43 a	3.4	24.14 b	33.4	12.49 b	17.3	33.27 b	46.0
		MTDX	80.67 a	2.36 a	2.9	25.45 a	31.5	13.73 a	17.0	39.13 a	48.5
		XZB	57.17 d	2.4 a	4.2	18.13 d	31.7	13.54 a	23.7	23.1 c	40.4

注：同一参数中标以不同字母的值表示不同处理间在 $P<0.05$ 水平上差异显著，LSD 数据统计。

六、不同行距配置对产量及其构成因素的影响

（一）小麦产量

小麦播种行距在 25 cm 和 30 cm 条件下，籽粒产量分别为 9 175.46 kg/hm^2 和 10 908.88 kg/hm^2，且差异显著，小麦播种行距变大，籽粒产量提高了 18.89%；小麦播种行距在平均行距 30 cm 和大小行种植（大行距 40 cm、小行距 20 cm），籽粒产量分别为 10 908.88 kg/hm^2 和 10 742.20 kg/hm^2，小麦播种行距由平均行距变为大小行种植，籽粒产量降低了 1.53%。由此可以表明，小麦种植行距明显影响小麦籽粒产量，适当扩大小麦播种行距能够帮助发挥小麦群体高产优势，以此达到提

高小麦籽粒产量的目的,小麦播种平均行距比大小行种植更具优势。在本试验条件下,小麦播种行距 30 cm 为最佳播种行距。

增大小麦播种行距,小麦产量三要素呈现增加的变化趋势,如表 8-17 所示,小麦播种行距由 25 cm 增加到 30 cm 时,小麦播种行距变大,单位面积穗数增长了 18.77%,穗粒数增长了 5.42%,千粒重增长了 0.51%,其中单位面积穗数、穗粒数表现差异显著;小麦播种行距由平均行距 30 cm 变为大小行种植(大行距 40 cm、小行距 20 cm),单位面积穗数降低了 5.21%,穗粒数降低了 2.97%,千粒重增加了 1.21%,籽粒产量三要素中的单位面积穗数、穗粒数表现差异显著。由此可以表明,小麦种植行距可以通过影响小麦籽粒产量构成因素,进而影响小麦籽粒产量,适当扩大小麦播种行距,可以有效提高产量三要素,从而达到提高小麦籽粒产量的目的;平均行距的小麦播种方式与大小行种植相比,有效提高了单位面积穗数、穗粒数,来保证小麦籽粒产量,但大小行种植小麦播种方式千粒重的提高可以有效弥补了单位面积穗数、穗粒数的降低对籽粒产量的造成的损失。

表 8-17 行距配置对小麦籽粒产量及其构成因素的影响

处理	穗数($\times 10^4/hm^2$)	穗粒数	千粒重(g)	产量(kg/hm^2)
MT25	767.12 c	34.86 c	41.28 b	9175.46 b
MT30	911.13 a	36.75 a	41.35 b	10908.88 a
MTDX	863.63 b	35.66 b	41.85 a	10742.20 a
XZB	771.23 c	34.57 c	41.25 b	9287.49 b

注:同一参数中标以不同字母的值表示不同处理间在 $P<0.05$ 水平上差异显著,LSD 数据统计。

据李娜娜等(2010)研究表明,小麦的成穗率因播种方式不同(宽行、窄行)而不同,窄行因行距小、株距大,使得小麦群体在生育前期过分扩大,最终成穗率低。本试验结果表明,小麦播种行距由 25 cm 增加到 30 cm 时,小麦播种行距变大,籽粒产量提高 18.89%,其中单位面积穗数增加 18.77%,穗粒数增加 5.42%,千粒重增加 0.51%,尤以单位面积穗数增加显著,说明想通过减小行距达不到提高籽粒产量的效果;小麦播种行距由平均行距 30 cm 变为大小行种植(大行距 40 cm、小行距 20 cm),籽粒产量降低 1.53%,其中单位面积穗数降低了 5.21%,穗粒数降低了 2.97%,千粒重增加了 1.21%,说明平均行距有利于提高单位面积穗数、穗粒数,但大小行种植可提高小麦千粒重以此弥补单位面积穗数、穗粒数的降低对籽粒产量的造成的损失。适当扩大小麦种植行距是小麦丰产的保证,在大行距时,小麦单株分蘖成穗率高,穗粒数也有所增加。在本试验条件下,小麦播种行距 30 cm 为最佳播种行距,与前人研究结果一致。

(二) 花生产量

麦套花生行、株距与产量的关系见表 8-18。山花 108 套种花生品种,在小麦行距 25 cm 和 30 cm 时,荚果产量分别为 4 408.42 kg/hm^2 和 5 088.20 kg/hm^2,且差异显著。小麦行距变大,荚果产量提高 15.42%;小麦行距在平均行距 30 cm 和大小行种植(大行距 40 cm、小行距 20 cm),荚果产量分别为 5 088.20 kg/hm^2 和 5 409.21 kg/hm^2,且差异显著。大小行种植与平均行距相比,荚果产量提高 6.31%。在行距 25 cm,套种花生(MT25)和夏直播花生(XZB)的荚果产量分别为 4 408.42 kg/hm^2 和 3 583.85 kg/hm^2,且差异显著。套种花生与夏直播花生种植方式相比,荚果产量提高 23.01%。

780-15 套种花生品种,在小麦行距 25 cm 和 30 cm 时,荚果产量分别为 4 628.14 kg/hm^2 和 5 304.20 kg/hm^2,且差异显著。小麦行距变大,荚果产量提高 14.61%。小麦行距在平均行距 30 cm(MT30)和大小行种植(大行距 40 cm、小行距 20 cm),荚果产量分别是 5 304.20 kg/hm^2 和 6 010.89 kg/hm^2,且差异显著。大小行种植与平均行距相比,荚果产量提高 13.32%。在行距 25 cm,套种花生(MT25)和夏直播花生(XZB)的荚果产量分别为 4 628.14 kg/hm^2 和 4 004.54 kg/hm^2,且差异显著。套种花生与夏直播花生种植方式相比,荚果产量提高 15.57%。

表 8-18 行株距配置对花生产量及其构成因素的影响(刘兆新,2018)

品种	处理	荚果产量 (kg/hm^2)	籽仁产量 (kg/hm^2)	千克果数 (个)	单株结果数 (个)	出仁率 (%)
SH108	MT25	4 408.42c	3 108.85c	687.00b	15.06c	70.52c
	MT30	5 088.20b	3 647.93b	676.33c	16.31b	71.70b
	MTDX	5 409.21a	3 929.28a	663.67c	17.76a	72.64a
	XZB	3 583.85d	2 304.32d	707.00a	11.79d	64.30d
780-15	MT25	4 628.14c	2 988.22c	630.00b	13.42c	64.56c
	MT30	5 304.20b	3 577.33b	571.33c	14.63b	67.46b
	MTDX	6 010.89a	4 168.34a	548.67d	16.44a	69.34a
	XZB	4 004.54d	2 542.05d	669.67a	11.53d	63.48d

注:同一参数中标以不同字母的值表示不同处理间在 $P<0.05$ 水平上差异显著,LSD 数据统计。

在套种花生时,小麦行距过小,行间的温度、湿度、通风、光照、CO_2 浓度等都不利于花生的生长发育，易造成“高脚苗”，花生在花针期开花下针困难；当小麦在合适行距的时候，行间的环境条件都利于花生正常的生长发育（万书波，2003）。适当的行距种植，促进地上部分旺盛生长，保持高光合效率，而且能为地下部分输送有机物，使荚果充实，获得高产（宋伟，2011）。本试验结果表明，在保持花生播种密度不变的情况下，小麦行距能明显影响套种花生的产量及其构成因素，增加小麦行距，山花 108 和 780－15 套种花生的荚果产量、籽仁产量、单株结果数和出仁率均表现为上升的变化趋势，千克果数表现为下降的变化趋势，山花 108 荚果产量提高了 15.42%，780－15 提高 14.61%；大小行种植（大行距 40 cm、小行距 20 cm）的荚果产量高于平均行距（MT30），主要是通过降低千克果数，提高单株结果数和出仁率，山花 108 荚果产量提高 6.31%，780－15 提高 13.32%；山花 108 套种花生比夏直播花生荚果产量提高 23.01%，780－15 提高 15.57%。夏直播花生产量较低，这主要与播期晚，没有覆膜种植，在 8 月份雨水较多，后期有干旱有关。以上说明，发展套种花生比夏直播花生更有优势，适当扩大小麦行距、采用大小行种植，可以促进荚果饱满，籽仁充实，降低千克果数，提高单株结果数，使花生增产明显。

七、不同行距配置对麦套花生品质的影响

由表 8－19 可知，在花生播种密度一定的条件下，不同小麦行距处理间比较，增加小麦行距，山花 108 和 780－15 套种花生的可溶性糖含量均表现为上升的变化趋势，山花 108 套种花生可溶性糖含量提高 18.74%，780－15 套种花生的可溶性糖含量提高 24.64%；大小行种植（MTDX）与平均行距（MT30）相比，山花 108 套种花生大小行种植可溶性糖含量提高 12.86%，780－15 套种花生大小行种植的可溶性糖含量提高 8.78%；在行距 25 cm，夏直播花生（XZB）与套种花生（MT25）相比，山花 108 夏直播花生可溶性糖含量提高 4.25%，780－15 夏直播花生的可溶性糖含量提高 34.12%；山花 108 与 780－15 相比较，山花 108 套种花生可溶性糖含量较高，780－15 夏直播可溶性糖含量较高。以上说明，适当扩大小麦行距可以提高花生籽仁的可溶性糖含量，大小行种植方式比等行距种植在提高可溶性糖含量方面更有优势。

表 8-19 行株距配置对花生品质的影响(刘兆新,2018)

品种	处理	可溶性糖(%)	蛋白质(%)	粗脂肪(%)	O/L
SH108	MT25	6.35c	23.54b	56.75a	1.61a
	MT30	7.54b	24.78a	56.09ab	1.63a
	MTDX	8.51a	23.50b	55.07c	1.68a
	XZB	6.62c	24.95a	55.48b	1.58b
780-15	MT25	5.48c	24.82b	54.23a	1.43b
	MT30	6.83b	24.83b	55.14a	1.48a
	MTDX	7.43a	24.21b	52.89b	1.49a
	XZB	7.35a	25.58a	53.79b	1.35c

注:同一参数中标以不同字母的值表示不同处理间在 $P<0.05$ 水平上差异显著,LSD 数据统计。

不同小麦行距处理的花生籽仁蛋白质含量在各处理间没有表现出明显一致的规律性,说明不同小麦行距对套种花生籽仁中蛋白质含量影响不大。在小麦行距 25 cm 条件下,山花 108 与 780-15 表现出相同的规律,夏直播花生(XZB)比套种花生(MT25)的蛋白质含量高。山花 108 与 780-15 相比较,780-15 蛋白质相对含量较高。由表 8-19 可知,在对不同小麦行距处理的花生籽仁进行脂肪含量测定,结果显示,各处理间没有表现出一致的差异性,说明小麦行距的变化对套种花生籽仁中脂肪含量影响不大。在小麦行距 25 cm 条件下,山花 108 与 780-15 表现出相同的规律,套种花生(MT25)比夏直播花生(XZB)的脂肪含量高。山花 108 的脂肪相对含量高于 780-15。

在花生籽仁的脂肪酸组分中,油酸和亚油酸是含量最多的两种脂肪酸,油酸与亚油酸是一对矛盾统一体,相对高含量的油酸与相对低含量的亚油酸,使花生籽仁不易被氧化酸败,有利于储藏;而花生籽仁中的亚油酸有降低胆固醇和血脂的作用,高含量的亚油酸对人体有保健功能。由表 8-19 可知,在花生播种密度一定的条件下,不同小麦行距处理间比较,增加小麦行距,山花 108 和 780-15 套种花生的 O/L 值均表现为上升的变化趋势,山花 108 套种花生 O/L 值提高 1.24%,780-15 套种花生的 O/L 值提高 3.50%;大小行种植与平均行距相比,山花 108 套种花生大小行种植的 O/L 值提高 3.07%,780-15 套种花生大小行种植的 O/L 值提高 0.68%;在行距 25 cm 条件下,套种花生(MT25)与夏直播花生(XZB)相比,山花 108 套种花生 O/L 值提高 1.90%,780-15 套种花生的 O/L 值提高 5.93%;山花 108 与 780-15 相比较,山花 108 花生 O/L 值较高。以上说明,适当扩大小麦行距,可以提高花生籽仁的 O/L 值,大小行种植方式比等行距种植在提高 O/L 值方面更有优势,山花 108 比 780-15 花生制品的储存时间更长。

脂肪酸是花生脂肪的重要组成部分，包括饱和脂肪酸和不饱和脂肪酸。通常对花生籽仁进行脂肪酸测定，主要包含以下 8 种：棕榈酸（C16：0）、硬脂（C18：0）、油酸（C18：1）、亚油酸（C18：2）、花生酸（C20：0）、花生烯酸（C20：1）、山嵛酸（C20：0）和廿四烷酸（C24：0）。由表 8－20 可知，棕榈酸（C16：0）、油酸（C18：1）、亚油酸（C18：2）是花生籽仁中含量最多的脂肪酸，而这三种脂肪酸也是人体必需的脂肪酸。在对不同小麦行距处理的花生籽仁进行脂肪酸测定，结果显示，不同处理间差别均不明显，且未表现出一致的规律性，说明不同小麦行距对套种花生籽仁中脂肪酸影响不大。在行距 25 cm 时，山花 108 与 780－15 表现出相同的规律，套种花生（MT25）比夏直播花生（XZB）的油酸含量高，夏直播花生亚油酸含量高。山花 108 与 780－15 相比较，山花 108 油酸（C18：1）的相对含量较高，而 780－15 的棕榈酸（C16：0）、亚油酸（C18：2）相对含量较高。

表 8－20 小麦行距对套种花生籽仁中主要脂肪酸相对含量的影响

品种	处理	棕榈酸（%）	硬脂酸（%）	油酸（%）	亚油酸（%）	花生酸（%）	花生烯酸（%）	山嵛酸（%）	廿四烷酸（%）
SH108	MT25	9.32	3.53	50.48	31.30	1.55	1.00	2.33	0.49
	MT30	9.26	3.27	50.49	30.96	1.51	0.96	2.57	0.98
	MTDX	9.60	3.45	51.35	29.77	1.55	0.93	2.49	0.87
	XZB	9.60	3.62	49.75	31.32	1.58	0.88	2.50	0.75
780－15	MT25	10.90	3.48	47.24	33.01	1.53	0.78	2.24	0.83
	MT30	10.22	3.63	48.14	32.50	1.62	0.82	2.37	0.70
	MTDX	10.65	3.56	48.24	32.25	1.56	0.79	2.26	0.69
	XZB	10.67	3.42	46.10	34.21	1.60	0.86	2.51	0.62

可溶性糖含量、蛋白质含量、脂肪含量是研究花生籽仁品质的重要指标。花生籽仁中可溶性糖最初是由叶片光合作用产生，再经进一步代谢转化成蛋白质和脂肪储存起来。据研究表明，不同行距处理间花生籽仁品质差异均不明显（宋伟，2011）。本试验结果表明，在保持花生播种密度不变的情况下，增加小麦行距，山花 108 和 780－15 套种花生的可溶性糖含量均表现为上升的走势，山花 108 提高 18.74%，780－15 提高 24.64%；大小行种植（MTDX）比平均行距（MT30）具有更高的可溶性糖含量，山花 108 提高 12.86%，780－15 提高 8.78%；在行距 25 cm 时，夏直播花生（XZB）与套种花生（MT25）相比，山花 108 夏直播花生可溶性糖含量提高 4.25%，780－15 夏直播花生的可溶性糖含量提高 34.12%。随着小麦行距的变化，对籽仁的蛋白质和脂肪含量的影响未表现出一致的规律性，但在行距 25 cm 时，夏直播花生（XZB）比套种花生（MT25）的蛋白质含量高，套种花生（MT25）比

夏直播花生(XZB)的脂肪含量高,对于花生品质而言,适当扩大行距、采用大小行种植有利于提高可溶性糖的含量,发展套种花生可提高花生籽粒的脂肪含量,而发展夏花生可提高蛋白质含量。两品种比较,780－15 蛋白质相对含量较高,山花 108 脂肪相对含量较高。

本试验对主要的 8 种脂肪酸进行分析,各处理间差别均不明显,且未表现出一致的规律性,在行距 25 cm 条件下,套种花生(MT25)比夏直播花生(XZB)的油酸含量高,而夏直播花生的亚油酸含量更高。山花 108 与 780－15 相比较,山花 108 油酸(C18∶1)的相对含量较高,而 780－15 的棕榈酸(C16∶0)、亚油酸(C18∶2)相对含量较高。在花生籽仁中,油酸和亚油酸是含量最多的两种脂肪酸,本试验结果表明,在花生播种密度一定的条件下,增加小麦行距,山花 108 和 780－15 套种花生的 O/L 值均表现为上升的变化趋势,大小行种植比平均行距更能提高 O/L 值,在行距 25 cm 条件下,套种花生(MT25)的 O/L 值高于夏直播花生(XZB),两相比较,山花 108 花生 O/L 值较高。以上说明,适当扩大行距、采用大小行种植不仅能够提高花生的品质,而且能延长花生制品储存时间。

在麦油两熟制高产栽培中,行距配置对麦油两作产量均产生影响,两花生品种均以小麦大小行(40 cm＋20 cm)种植方式产量最高,且该种植方式下,麦套花生叶面积指数增大,叶绿素荧光参数 Fv/Fm、Φ_{PSII} 提高,叶肉细胞的光合性能显著改善,净光合速率维持在较高水平。同时,能增强中后期 SOD、POD 和 CAT 活性,降低 MDA 含量,延长花生叶片功能期,有助于延缓衰老。与均等行距相比较,大小行种植方式调节了植株个体与群体间的矛盾,提高了干物质积累量,增加了光合产物向花生荚果的转运比例,而对小麦产量无显著影响。因此,麦套花生大小行种植是兼顾麦油全年总产的有效栽培方式。

第三节
麦套花生最佳施肥方式研究

氮素作为花生生长发育必需的大量营养元素，在花生产量和品质的形成中发挥着十分重要的作用（万书波，2003）。花生的氮源有两条途径：一是土壤和肥料中的氮，二是根瘤菌固定大气中的氮。研究发现，花生作为豆科作物可以自身固氮，但仍有一半以上的氮需要从土壤和肥料中获取，适量的氮素供应还能够促进花生根瘤形成（Wang 等，2016；万书波等，2000）。因此，合理施用肥料是花生获得高产的重要手段。同时，合理施用肥料能够有效协调根瘤固氮与施氮的关系，减少氮肥浪费，降低对生态环境的不良影响。研究表明，花生荚果中约有 60%的氮是从营养器官中重新调运的，只有 40%的氮是在荚果充实期同化的。花生在荚果成熟充实期间，营养器官内氮的可利用性是产量提高的主要限制因素之一。因此，维持花生生长中后期叶片一定的含氮量有助于荚果膨大充实，提高产量（李向东，2000）。麦套花生具有延长花生的生长期、弥补热量资源的不足、促进荚果充分发育和改善籽仁品质等优点，是小麦-花生两熟制的主要种植方式（万书波，2003）。但前茬小麦在整个生育期内消耗了大量养分，而花生在中后期又无法追肥，导致后期土壤中的养分，尤其是大量元素氮不能满足花生季的需求。因此，统筹小麦-花生一体化施肥是小麦-花生两熟制高产高效优质栽培的重要技术措施。张翔等（2016）研究表明，通过调整氮、磷、钾在小麦花生上的分配比例、改变施肥时期等施肥措施，可有效增加花生结果枝、单株饱果数和出仁率，使花生产量和周年产量分别提高。控释肥具有肥效供应期长且稳定的特点，能根据作物需要调节养分释放模式，将营养元素缓慢地释放到土壤中，生产上使用控释肥料不仅能够提高肥料利用率，降低养分挥发和淋洗损失，提高作物产量（郑圣先等，2001；王新民等，2004；汪强等，2007；李方敏等，2005）。据研究表明，控释氮肥可提高水稻中后期叶片硝酸还原酶和谷氨酰胺合成酶活性，促进水稻孕穗后体内氮素的吸收与转化，从而提高水稻的吸氮量(聂军等,2005);控释肥能够延长冬小麦净光合速率高峰持续时间,在灌浆中后期仍能保持较高的净光合速率,从而获得更多的代谢产物,为小麦籽粒灌浆提供了充足的养分供应(范振义等,2013)。还有研究表明,在等氮条件下,施用控释氮肥可提高棉花单株结铃数和单铃重,显著增加籽棉产量(李学刚等,2010);在 $N-P_2O_5-K_2O$ 等比例和等养分处理下,与普通肥料相比,控释肥在花生生长的中后期仍能持续足量供给花生生长所需的养分,显著提高花生生育后期叶片叶绿素含量和净光合速率,增加根瘤重、荚果产量和总生物量(邱现奎等,2010;张玉树等,2007)。

试验于 2015—2016 年在山东农业大学农学试验站进行。试验选用 N、P_2O_5、K_2O 含量分别为 20%、15%、10%的普通复合肥和控释复合肥为供试肥料,设置两季作物总施肥量为 1 500 kg/hm^2(折合纯氮 300 kg/hm^2、P_2O_5 225 kg/hm^2、K_2O 150 kg/hm^2),其中冬小麦季施总施肥量的 70%,即纯氮 210 kg/hm^2、P_2O_5 157.5 kg/hm^2、K_2O 105 kg/hm^2,分底施 35%和拔节期追施 35%、底施 35%和挑旗期追肥 35%,花生季施总施肥量的 30%,即纯氮 90 kg/hm^2、P_2O_5 67.5 kg/hm^2、K_2O 45 kg/hm^2,于始花前一次施用,以不施肥为对照(CK),共计 5 个处理(表 8-21)。冬小麦于 10 月 10 日播种,行距 30 cm,6 月 10 日收获,供试品种为济麦 22。花生于 5 月 25 日(小麦收获前 15 d)套种在小麦行间,穴距 20 cm,每穴播两粒,10 月 5 日收获,供试品种为 606。随机区组排列,重复 3 次,田间管理同一般高产田。

表 8-21 试验处理设计(刘兆新,2018)

处理	小麦			花生
	基肥(%)	拔节期(%)	挑旗期(%)	始花前(%)
对照(CK)	0	0	0	0
普通复合肥(JCF)	35	35	0	30
控释复合肥(JCRF)	35	35	0	30
普通复合肥(FCF)	35	0	35	30
控释复合肥(FCRF)	35	0	35	30

一、不同施肥处理对花生叶片叶绿素及组分含量的影响

由表 8-22 可以看出,随生育期推进,花生叶片 Chla、Chlb 和 Chl(a+b)均呈

先增加后降低的变化趋势，于结荚期达最大值。各施肥处理的叶片 Chla、Chlb 和 Chl(a+b)均较 CK 有不同程度的增加，且各时期的差异均达到显著水平。与普通复合肥处理相比，控释复合肥处理的叶片 Chla、Chlb 和 Chl(a+b)在花针期与结荚期差异不明显，但在饱果期与成熟期 JCRF 较 JCF 分别增加 8.2%、6.7%、7.6%和 29.8%、21.1%、26.2%，FCRF 处理较 FCF 处理分别提高 4.9%、2.4%、6.1%和 5.1%、2.8%、4.3%。同一肥料类型、不同追肥时期间相比，FCF 处理的 Chla、Chlb 和 Chl(a+b)在饱果期与成熟期较 JCF 处理分别增加 16.4%、10.7%、14.2%和 39.3%、24.6%、33.3%，FCRF 处理较 JCRF 处理分别增加 12.9%、6.3%、10.4%和 12.8%、5.8%、10.1%，处理间差异达到显著水平。可见，控释肥对维持麦套花生生育后期较高叶绿素含量效果明显，且小麦挑旗期追肥处理对花生叶片叶绿素含量提高作用大于拔节期追肥。各处理 Chla/b 随生育进程逐渐降低，说明花生叶片中 Chla 的降解速度快于 Chlb，施肥提高了各生育期的 Chla/b，其中控释复合肥处理优于普通复合肥。

表 8-22 不同施肥处理对花生叶片叶绿素及组分含量的影响(刘兆新，2018)

生育时期	处理	Chla (mg/g)	Chlb (mg/g)	Chl(a+b) (mg/g)	Chla/b
花针期	CK	0.89 b	0.47 c	1.36 c	1.89
	JCF	1.14 a	0.58b	1.72 b	1.96
	JCRF	1.20 a	0.61a	1.81 a	1.97
	FCF	1.22 a	0.62 a	1.84 a	1.96
	FCRF	1.24 a	0.63 a	1.89 a	1.97
结荚期	CK	1.31 d	0.76 d	2.07 d	1.72
	JCF	1.44 c	0.80 c	2.24 c	1.80
	JCRF	1.62 b	0.87 b	2.49 b	1.86
	FCF	1.73 a	0.91 ab	2.64 a	1.90
	FCRF	1.76 a	0.92 a	2.68 a	1.91
饱果期	CK	0.98 d	0.60 d	1.58 d	1.63
	JCF	1.22 c	0.75 c	1.97 c	1.63
	JCRF	1.32 b	0.80 b	2.12 b	1.65
	FCF	1.42 a	0.83 b	2.25 ab	1.71
	FCRF	1.49 a	0.85 a	2.34 a	1.75
成熟期	CK	0.72 e	0.51 d	1.23 d	1.41
	JCF	0.84 d	0.57 c	1.41 c	1.47
	JCRF	1.09 c	0.69 b	1.78 b	1.58
	FCF	1.17 b	0.71 ab	1.88 a	1.65
	FCRF	1.23 a	0.73 a	1.96 a	1.68

注：同一参数中标以不同字母的值表示不同处理间在 $P<0.05$ 水平上差异显著。LSD 数据统计。

二、不同施肥处理对花生叶片叶绿素荧光特性的影响

随着花生生育时期的推移,叶片 Fv/Fm(图 8 - 16A)和 Fv/Fo(图 8 - 16B)均表现出先升高后降低变化趋势,于结荚期达到最大值。施肥明显提高了麦套花生各生育时期叶片的 Fv/Fm 和 Fv/Fo,控释复合肥处理在结荚期前与普通复合肥处理无显著差异,但在饱果期与成熟期较普通复合肥显著提高,拔节期追肥与挑旗期追肥表现出相同变化趋势。说明控释复合肥有利于维持花生叶片生长后期较高的 PSⅡ活性和最大光化学效率,且小麦挑旗期追肥效果优于拔节期追肥。

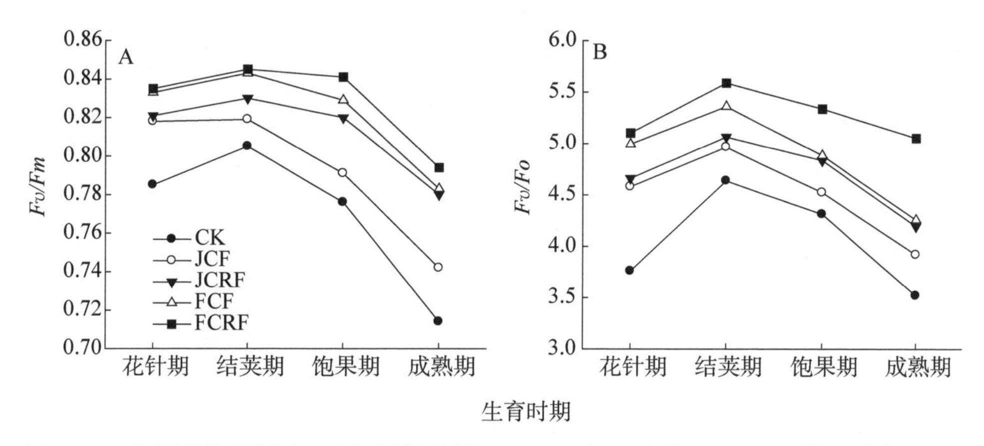

图 8 - 16 不同施肥处理对花生叶片光化学最大效率(Fv/Fm)及 PSⅡ活性(Fv/Fo)的影响(刘兆新,2018)

三、不同施肥处理对产量及其构成因素的影响

与不施肥(CK)相比较,各施肥处理的荚果产量和籽仁产量均显著提高,千克果数与千克仁数显著降低(表 8 - 23)。JCRF 处理的荚果产量和籽仁产量较 JCF 分别提高 5.1%和 7.6%,FCRF 较 FCF 处理提高 5.9%和 8.0%,处理间差异均达到显著水平。不同追肥时期间相比,FCF 处理的荚果产量和籽仁产量较 JCF 处理

分别增加 6.1%和 9.5%,FCRF 较 JCRF 处理分别增加 6.9%和 9.9%。从产量构成因素来看,控释复合肥处理的千克果数与普通复合肥相比没有显著差异,但单株结果数和出仁率显著增加。可见,挑旗期追肥对麦套花生的增产效果优于拔节期追肥,且施用控释复合肥的作用大于普通复合肥,控释复合肥提高单株结果数和出仁率的作用显著。

表 8-23 不同施肥处理对花生产量及其构成因素的影响(刘兆新,2018)

处理	荚果产量 (kg/hm^2)	籽仁产量 (kg/hm^2)	千克果数 (个)	千克仁数 (个)	单株结果数 (个)	出仁率 (%)
CK	5 400 d	3 324 d	496 a	1 356 a	9.7 d	61.5 d
JCF	8 188 c	5 412 c	476 b	1 255 b	12.5 c	66.1 c
JCRF	8 603 b	5 823 b	470 bc	1 156 c	13.7 b	67.7 b
FCF	8 685 b	5 926 b	468 bc	1 145cd	14.4 b	68.2 b
FCRF	9 200 a	6 399 a	465 c	1 120 d	15.1a	69.4 a

注:同一参数中标以不同字母的值表示不同处理间在 $P<0.05$ 水平上差异显著。LSD 数据统计。

施肥显著提高了小麦籽粒产量,相同追肥时期籽粒产量在两种肥料类型间无明显差异,但挑旗期追肥处理显著高于拔节期追肥(表 8-24)。与普通复合肥相比,控释复合肥处理穗粒数显著降低,JCRF 较 JCF 降低 5.9%,FCRF 较 FCF 降低 6.0%。而千粒重较普通复合肥显著提高,JCRF 较 JCF 提高 5.9%,FCRF 较 FCF 提高 4.3%。同一追肥时期两种肥料类型处理对单位面积穗数无显著影响,但挑旗期追肥处理穗粒数高于拔节期追肥。

表 8-24 不同施肥处理对冬小麦产量及其构成因素的影响(刘兆新,2018)

处理	穗数 (穗/m^2)	穗粒数 (个)	千粒重 (g)	产量 (kg/hm^2)
CK	649 c	30.2 d	31.5 e	5 075.5 c
JCF	679 ab	35.8 bc	35.7 c	6 950 b
JCRF	683 a	33.7 a	37.8 d	6 875 b
FCF	656 c	39.8 c	34.5 a	7 500.5 a
FCRF	662 bc	37.4 b	36.0 b	7 350.5 a

注:同一参数中标以不同字母的值表示不同处理间在 $P<0.05$ 水平上差异显著。LSD 数据统计。

王明友等(2008)研究了追氮时期对不同类型冬小麦籽粒产量的影响,指出拔节期或挑旗期是小麦高产优质兼顾的追氮时期;张玉树等(2007)研究指出,在等 $N-P_2O_5-K_2O$ 比例和等养分总量条件下,与普通肥料相比,控释肥料可以减小对花生结瘤的抑制作用，使荚果产量提高 2.5%～10.8%。本研究指出，与拔节期追肥相比较，挑旗期追肥能够明显提高小麦千粒重，从而提高产量，控释复合肥与普通复合肥处理产量差异不显著，但显著提高了花生的荚果产量和籽仁产量。以上表明，在麦油两熟制一体化施肥中，追肥时期适当后移不仅能够为小麦生育后期提供养分，而且能够充当花生底肥的效应，为花生留下后效，起到“前施后用”的作用，其中控释复合肥的效果优于普通复合肥。

本研究表明，与普通复合肥相比，控释复合肥处理可增加麦套花生生长发育中后期叶片叶绿素含量，提高叶绿素荧光参数 Fv/Fm、Fv/Fo，改善叶肉细胞的光合性能。同时增强根系活力和 NR 活性，饱果期与成熟期根系活力和 NR 活性均表现为 FCRF>FCF>JCRF>JCF>CK，说明控释复合肥有利于花生生育后期根系对土壤养分的吸收，促进荚果膨大和充实。控释复合肥能提高中后期 SOD、POD 和 APX 活性，降低 MDA 含量，JCRF 在各时期较 JCF 分别降低 1.6%、10.9%、7.8%和 7.4%；FCRF 处理较 FCF 处理分别降低 5.7%、16.6%、14.2%和 14.7%，在结荚期、饱果期与成熟期均达到显著水平。表明控释复合肥能够延长花生叶片功能期，有助于延缓衰老。控释复合肥能显著增加麦套花生产量，JCRF 处理的荚果产量和籽仁产量较 JCF 分别提高 5.1%和 7.6%，FCRF 较 FCF 处理提高 5.9%和 8.0%，主要表现为单株结果数和出仁率的提高。不同追肥时期相比，小麦挑旗期追肥效果优于拔节期追肥。

第四节 麦套高产栽培技术体系

一、选择高肥地块

选择有水浇条件，小麦产量常年 7 500 kg/hm^2 以上的壤土地块。

二、麦季多施肥

在两茬作物总施肥量一定的情况下，小麦季施肥量应占总量的70%，花生季占30%。小麦在施足底肥的基础上，还应注重增施拔节肥和挑旗肥，特别是增施磷、钾肥（图8－17）。花生始花前在植株两侧开沟追施，如果土壤干旱的话，施肥后要及时浇水。花生土杂肥用量为3万 kg/hm^2，化肥用量有三种方案，第一方案：三元复合肥（15∶15∶15）750 kg/hm^2，再加尿素270 kg/hm^2（或碳铵750 kg/hm^2）；第二方案：525 kg/hm^2 尿素（或1 500 kg碳铵）、750 kg/hm^2 过磷酸钙、225 km/hm^2 硫酸钾；第三方案：磷酸二铵225 kg/hm^2，尿素450 kg/hm^2（或碳铵1 005 kg），硫酸钾225 kg/hm^2。

图 8-17　花生能很好利用前茬小麦的肥效,小麦季培肥地力是麦套花生增产的基础

三、品种选择

选择灌浆期短、成熟早、叶片直立挺拔、抗逆性强的高产稳产小麦品种;花生选用增产潜力大、品质优良、综合抗性好的中早熟花生良种,如海花 1 号、鲁花 9 号、鲁花 9 号、鲁花 10 号、鲁花 11 号、山花 108 等。

四、适时套种

掌握在麦收前 15～20 d 足墒套种花生(图 8-18～图 8-19),若土壤墒情不足,应在套种前 5～7 d 灌水造墒;来不及造墒的,应播种后浇水。

图 8－18　花生出苗后与小麦共生期田间长相

图 8－19　套种时间过早，花生“高脚苗”现象严重

五、严格掌握种植规格，保证足够密度

1. 密度 27 万～31.5 万株/hm^2，一般每墩 2 粒，13.5 万～15.75 万墩/hm^2。

2. 实行每行套种的种植方式，在套种前根据小麦行距和计划密度算出花生墩距。如果小麦行距 27 cm，则花生墩距 24～25 cm(图 8－20～图 8－22)。

图 8－20 自走式麦田花生套播机

图 8－21 行行套种花生苗期田间长相

图 8-22 行行套种花生机械化收获小麦

3. 施用种肥，培育壮苗：播种时按三元复合肥 150 kg/hm^2，再加 15 kg 硫酸锌、7.5 kg 硼砂、0.5 kg 钼酸铵的量施在播种沟内，注意与种子隔离，防止烧种。

4. 药剂盖种：用 812 肥粉 7.5 kg/hm^2，兑土 300～450 kg，或辛硫磷等农药，播种时撒在种子上，防治害虫。

5. 掌握播种深度在 3～5 cm，播种后覆土要均匀、平坦。

六、加强田间管理

1. 适时灭茬：麦收后 5～7 d 灭茬、中耕、松土，灭茬前把所有土杂肥撒施在麦茬上，灭茬时混入土内(图 8-23)。

2. 及时中耕追肥：在始花前进行第二次中耕时，把肥料一次施足。按前边介绍的化肥种类和数量，施用种肥后剩余的所有化肥，一次性施足。要沟施或穴施，施后埋实(图 8-24)。

3. 注意防旱排涝：麦收后 6 月底以前，必须疏通整修好灌排渠系，确保花生免受渍涝危害。遇旱及时灌溉。花针期和结荚期，如果天气持续干旱，花生叶片中午前后出现萎蔫时，应及时适量浇水。饱果期(收获前 1 个月左右)遇旱应小水润浇。结荚后如果雨水较多，应及时排水防涝。

图 8－23　小麦收获后人工灭茬

图 8－24　麦套花生中耕除草施肥

4. 及时防治病虫害

① 苗期重点防治蚜虫:有蚜株率达20%时,用50%辛硫磷乳油1000倍药液,或40%毒死蜱乳油1000倍液喷雾,药液用量600～750 kg/hm^2。在无风晴天的傍晚当花生叶片自然闭合时,喷药效果最好。

② 防治蛴螬:生长期在有蛴螬危害的地块,用50%辛硫磷乳油1000倍药液灌墩,药液用量3750～4500 kg/hm^2,每墩用药液0.1～0.2 kg。

③ 结荚期重点防治叶斑病:7月下旬至8月上旬是叶斑病的发病初期,从7月20日开始,用50%复方多菌灵200～300倍液或50%托布津2000倍液或75%百菌清粉剂500～700倍液,喷洒叶面,以后隔两周喷1次,连喷3次。

5. 防止旺长、倒伏:花生进入花针期生长开始加快,当结荚初期株高达35 cm,主茎日增量超过1.5 cm时,应及时喷施浓度为100 mg/kg的多效唑,每亩喷药液50 kg(用15%多效唑粉剂25 g,加水40 kg配制),施药后10～15 d如果主茎高度超过40 cm可再喷施一次,使株高控制在45 cm左右。多效唑可能加重叶斑病,应加强叶斑病的防治。

6. 叶面喷肥,延迟落叶,提高叶片光合能力:花生叶片吸磷能力较强,而且很快就能运到荚果内,在花生生育中后期用2%～3%的过磷酸钙水澄清液1125～

图8-25 麦套花生大田收获

1 500 kg/hm²，添加尿素 2.25～3.0 kg 混合后叶面喷施，每隔 10 d 喷 1 次或喷施 0.2%～0.4%磷酸二氢钾溶液，于 8 月下旬起连喷两次，间隔 7～10 d，也可喷施适量的含有 N、P、K 和微量元素的其他肥料。

7. 适时收获，避免收刨过早：10 月上旬为最佳收刨时期（图 8 - 25）。

参考文献

Andersen P C, Gorbet D W. 2002. Influence of year and planting date on fatty acid chemistry of high oleic acid and normal peanut genotypes. *Journal of Agricultural & Food Chemistry*, 50(5):1298 - 305.

Bowler C, And M V M, Inze D. 2003. Superoxide Dismutase and Stress Tolerance. *Annual Review of Plant Biology*, 43(1):83 - 116.

Caliskan S, Caliskan M E, Arslan M, et al. 2008. Effects of sowing date and growth duration on growth and yield of groundnut in a Mediterranean-type environment in Turkey. *Field Crops Research*, 105(1):131 - 14.

Daimon H, Yoshioka M. 2001. Responses of root nodule formation and nitrogen fixation activity to nitrate in a split-root system in peanut (Arachis hypogaea L.). *Journal of Agronomy & Crop Science*, 187(2):89 - 95.

Farnham D E. 2001. Row spacing, plant density, and hybrid effects on corn grain yield and moisture. *Agronomy Journal*, 93(5):1049 - 1053.

Hamerlynck E P, Huxman T E, Loik M E, et al. 2000. Effects of extreme high temperature, drought and elevated CO_2 on photosynthesis of the Mojave Desert evergreen shrub, *Larrea tridentata*. *Plant Ecology*, 148(2):183 - 193.

Lambert D M, Lowenbergdeboer J. 2003. Economic analysis of row spacing for corn and soybean. *Agronomy Journal*, 95(3):564 - 573

陈鸿鹏，谭晓风. 2007. 超氧化物歧化酶(SOD)研究综述. 经济林研究，25(1)：59 - 65.

迟晓元，郝翠翠，潘丽娟，等. 2016. 不同花生品种脂肪酸组成及其积累规律的研究. 花生学报，45(3)：32 - 36.

崔莎莎. 2015. 播期对夏花生生理特性、产量及品质的影响. 山东农业大学.

崔晓闯，瞿意，陈颐，等. 2017. 育苗方式对烤烟大田期抗氧化系统酶活性的影响. 作物研究，31(2)：134 - 137.

范振义,董元杰,陈学涛,等.2013.控释肥对坡耕地冬小麦生理特性的影响.磷肥与复肥,28(04):83-85.
冯建灿,胡秀丽,毛训甲.2002.叶绿素荧光动力学在研究植物逆境生理中的应用.经济林研究,(4):14-18.
郭峰,万书波,王才斌,等.2009.麦套花生氮素代谢及相关酶活性变化研究.植物营养与肥料学报,15(2):416-421.
高小丽,孙健敏,高金锋,等.2008.不同基因型绿豆叶片衰老与活性氧代谢研究.中国农业科学,41(9):2873-2880.
何平,高荣孚,汪振儒.1993.光状况对油松苗生长和光合特性的影响.生态学报,13(1):92-95.
季春梅.2013.花生覆膜高产栽培技术(下).农家致富,(11):28-29.
江灵芝,孙雪,王玮蔚.2013.盐度对蛋白核小球藻生长、叶绿素荧光参数及代谢酶的影响.宁波大学学报(理工版),(3):6-10.
李东广,余辉.2008.花生垄作增产机理及配套栽培技术.农业科技通讯,(2):103-104.
李国瑜,丛新军,陈二影,等.2018.积温和降水量对夏谷生长发育的影响.核农学报,32(1):165-176.
李大勇.2013.麦套花生栽培技术.种业导刊,(9):20-20.
李向东,万勇善,于振文,等.2001.花生叶片衰老过程中氮素代谢指标变化.植物生态学报,25(5):549-552.
卢山.2011.湖南花生高产栽培的气候生态与密度调控研究.湖南农业大学.
李向东,王晓云,张高英,等.2000.花生衰老的氮素调控.中国农业科学,(05):30-35.
李娜娜,李慧,裴艳婷,等.2010.行株距配置对不同穗型冬小麦品种光合特性及产量结构的影响.中国农业科学,43(14):2869-2878.
李方敏,樊小林,陈文东.2005.控释肥对水稻产量和氮肥利用效率的影响.植物营养与肥料学报,11(4):494-500.
李学刚,宋宪亮,孙学振,等.2010.控释氮肥对棉花叶片光合特性及产量的影响.植物营养与肥料学报,16(03):656-662.
刘明,陶洪斌,王璞,等.2009.播期对春玉米生长发育与产量形成的影响.中国生态农业学报,17(01):18-23.
刘忠堂.2005.高油大豆高产栽培技术的基本特点.大豆科技,(5):7-8.
马林.2007.植物衰老期间生理生化变化的研究进展.生物学杂志,24(3):12-15.
聂军,郑圣先,戴平安,等.2005.控释氮肥调控水稻光合功能和叶片衰老的生理基础.中国水稻科学,(03):255-261.
邱现奎,董元杰,史衍玺,等.2010.控释肥对花生生理特性及产量、品质的影响.水土保持学报,24(02):223-226+250.
秦兴国.2010.麦套花生生育物点和水分利用特性研究.泰安:山东农业大学.
任佰朝,朱玉玲,李霞,等.2015.大田淹水对夏玉米光合特性的影响.作物学报,41(02):329-338.
孙学武,孙奎香,万书波,等.2011.麦套花生花育22号超高产生育动态及生理特性研究.亚热带农业研究,07(1):12-16.
沈玮囡,赵治军,蒋福稳,等.2015.麦套花生高产栽培与管理技术.农业科技通讯,(09):232-233.
宋伟.2011.种植方式对花生产量和品质的影响及其生理生态基础研究.青岛农业大学.
宋伟,赵长星,王月福,等.2011.不同种植方式对花生田间小气候效应和产量的影响.生态学报,31(23):203-210.
万书波.2003.中国花生栽培学.上海:上海科学技术出版社.
王夏,胡新,孙忠富,等.2011.不同播期和播量对小麦群体性状和产量的影响.中国农学通报,27(21):170-176.
王廷利,周洪军,杜连涛,等.2014.胶东春花生适宜播种期试验研究.农业开发与装备,(8):72.
王月福,徐亮,赵长星,等.2012.施磷对花生积累氮素来源和产量的影响.土壤通报,43(2):444-450.
王昭静,刘登望,王建国,等.2013.播期对不同粒型花生品种发育进度的影响及与气象生态因子的关系.中国农学通报,29(36):246-252.
王新民,侯彦林,介晓磊.2004.冬小麦施用控释氮肥增产效应研究初报.中国生态农业学报,12(2):98-101.
王信宏,王月福,赵长星,等.2015.不同生育时期断根对花生光合特性及产量的影响.生态学报,35(05):1521-1526.
王明友,徐岱青,王晓理,等.2008.追氮时期对不同类型冬小麦籽粒产量和品质的影响.安徽农业科学,(03):946-949.
翁伯琦,郑向丽,赵婷,等.2014.不同生育期花生叶片蛋白质含量及氮代谢相关酶活性分析.植物资源与环境学报,23(1):65-70.
汪强,李双凌,韩燕来,等.2007.缓/控释肥对小麦增产与提高氮肥利用率的效果研究.土壤通报,(01):47-50.
魏珊珊,王祥宇,董树亭.2014.株行距配置对高产夏玉米冠层结构及籽粒灌浆特性的影响.应用生态学报,25(02):441-450.
万书波,封海胜,等.2000.不同供氮水平花生的氮素利用效率.山东农业科学,(1):31-33.
谢天保,曾春初,徐述明.2005.湘南地区春玉米播期试验初报.作物研究,19(4):216-218.

许振柱,周广胜,李晖. 羊草叶片气体交换参数对温度和土壤水分的响应. 2004. 植物生态学报,28(3):300-304.

严雯奕,叶胜海,董彦君,等. 2010. 植物叶片衰老相关研究进展. 作物杂志,(04):4-9.

杨淑慎,高俊凤. 2001. 活性氧、自由基与植物的衰老. 西北植物学报,(02):215-220.

于吉琳. 2013. 播期与密度对玉米物质生产及产量的影响. 沈阳农业大学.

于旸,王铭伦,张俊,等. 2011. 播期对花生光合性能与产量影响的研究. 青岛农业大学学报(自然科学版),28(1):16-19.

杨传婷,张佳蕾,张凤,等. 2012. 花生不同种植方式的耗水特点和水分利用效率差异研究. 山东农业科学,44(09):34-37+42.

杨利华,张丽华,张全国,等. 2006. 种植样式对高密度夏玉米产量和株高整齐度的影响. 玉米科学,14(06):122-124.

杨吉顺,高辉远,刘鹏,等. 2010. 种植密度和行距配置对超高产夏玉米群体光合特性的影响. 作物学报,36(07):1226-1233.

郑圣先,聂军,熊金英,等. 2001. 控释肥料提高氮素利用率的作用及对水稻效应的研究. 植物营养与肥料学报,7(1):11-16

张玉树,丁洪,卢春生,等. 2007. 控释肥料对花生产量、品质以及养分利用率的影响. 植物营养与肥料学报,13(4):700-706

张翔,毛家伟,司贤宗,等. 2016. 小麦—花生统筹施肥对花生产量、品质及土壤肥力的影响. 花生学报,45(1):24-28.

张艳红,段彩霞,薛旗. 2010. 不同行距种植对大豆产量的影响. 现代农业科技,(12):52.

战秀梅,韩晓日,杨劲峰,等. 2007. 不同施肥处理对玉米生育后期叶片保护酶活性及膜脂过氧化作用的影响. 玉米科学,15(1):123-127.

张凯,李巧珍,王润元,等. 2012. 播期对春小麦生长发育及产量的影响. 生态学杂志,31(2):324-331.

张利民,康涛,李文金,等. 2017. 播期和种植密度对夏直播花生生长发育及产量的影响. 花生学报,(3):72-76.